建筑工程检测技术研究

李心芹　潘俊彦　贾晓光◎主编

四川科学技术出版社

图书在版编目（CIP）数据

建筑工程检测技术研究 / 李心芹，潘俊彦，贾晓光主编 . -- 成都：四川科学技术出版社，2024. 6.
ISBN 978-7-5727-1394-1

Ⅰ . TU712

中国国家版本馆 CIP 数据核字第 2024MT8623 号

建筑工程检测技术研究

JIANZHU GONGCHENG JIANCE JISHU YANJIU

主　　编　李心芹　潘俊彦　贾晓光
出 品 人　程佳月
选题策划　鄢孟君
责任编辑　钱思佳
助理编辑　杨小艳
封面设计　星辰创意
责任出版　欧晓春
出版发行　四川科学技术出版社
　　　　　成都市锦江区三色路 238 号　邮政编码　610023
　　　　　官方微博　http://weibo.com/sckjcbs
　　　　　官方微信公众号　sckjcbs
　　　　　传真　028-86361756
成品尺寸　170 mm × 240 mm
印　　张　6.5
字　　数　130 千
印　　刷　三河市嵩川印刷有限公司
版　　次　2024 年 6 月第 1 版
印　　次　2024 年 6 月第 1 次印刷
定　　价　56.00 元

ISBN 978-7-5727-1394-1

邮　　购：成都市锦江区三色路 238 号新华之星 A 座 25 层　邮政编码：610023
电　　话：028-86361770

编 委 会

主　编：李心芹　潘俊彦　贾晓光

副主编：韩　晶

编　委：李心芹　潘俊彦　贾晓光
韩　晶　张洪刚　孙晓晨

前言
PREFACE

近年来，随着经济的高速发展和城镇化进程的不断推进，我国建筑工程数量不断增多，建筑工程质量面临着巨大的挑战。例如建筑工程施工过程中的安全问题、建筑施工完成后的质量问题以及建筑受损后续的解决方案等。作为建筑行业的从业人员，我们必须加强安全防范意识和监督意识，促进建筑顺利施工。

为确保建筑工程工作的有序进行，建筑工程检测作为建筑施工中的一项重要内容，是安全工作的重点，为建筑工程施工的顺利进行提供了基础保障。建筑工程检测不仅对于建筑业的可持续发展具有重要作用，也是促进建筑工程更加规范的基础保障，所以要高度重视建筑工程检测技术，为建筑业的良性发展保驾护航。随着科技的发展，我国检测技术也在不断发展，检测技术不仅为我国建筑工程施工安全、施工质量等提供了切实的保障，还为项目建设的开展提供了可靠的技术支撑，同时新兴检测技术也开拓了我国建筑检测技术的应用范围和发展前景；因此，建筑行业从业人员必须加强对建筑工程检测工作的重视。

本书首先从安全角度出发，对建筑工程安全管理的相关内容进行了简要介绍，主要包括有关建筑工程安全管理的意义、建筑工程安全管理的原则、文明施工、环境管理等内容；其次本书介绍了建筑工程施工的质量、建筑结构损伤、建筑结构检测技术、加固技术，并就相关检测内容和具体手段进行了具体阐述。最后本书还介绍了建筑节能检测技术。本书内容丰富，兼具理论性与实用性的特点，对落实相关检测工作，提高建筑检测技术水平，促进建筑工程检测技术的进一步发展有积极意义。希望本书的出版，能够对从事建筑工程检测技术的工作人员和研究人员带来帮助。

目录
CONTENTS

第一章 建筑工程安全管理

第一节 建筑工程安全管理概述

一、建筑工程安全管理基础

(一)安全

安全涉及的范围广阔,网络安全、交通安全、社会公众安全,乃至国家安全等,都属于安全问题。安全既包括有形实体安全,如国家安全、社会公众安全、人身安全等,也包括虚拟形态安全,如网络安全等。

安全意味着不危险,“无危则安,无缺则全”,这是人们长期以来在生活、生产中总结出来的基本认识。安全工程观点认为,安全是指在生活、生产过程中免遭不可承受的危险、伤害。安全包括两个方面,一是预知危险,二是消除危险,两者缺一不可。安全是与危险相互对应的,是我们对生产、生活中免受伤害的综合认识。

(二)安全管理

管理是指在某组织中的管理者,为了实现组织既定目标而进行的计划、组织、指挥、协调和控制的过程。

安全管理可以定义为管理者为实现安全生产目标对生产活动进行的计划、组织、指挥、协调和控制的一系列活动,以保护员工在生产过程中的安全与健康。其主要任务是加强劳动保护工作,改善劳动条件,加强安全作业管理,搞好安全生产,保障职工的安全和健康。

建筑工程安全管理是安全管理原理和方法在建筑领域的具体应用。所谓建筑工程安全管理,是指以国家的法律法规、技术标准和施工企业的标准及制度为依据,采取各种手段,对建筑工程生产的安全状况实施进行有效制约的一切活动,是管理者对安全生产建章立制,进行计划、组织、指挥、协调和控制的一系列活动,是建筑工程管理的重要组成部分。其目的是保障职工在生产过程中的安全与健康,保证人身、财产安全。其包括宏观安全管理和微观安全管理两个方面。

宏观安全管理主要是指国家安全生产管理机构以及建设行政主管部门从组织、法律法规、执法监察等方面对建设项目的安全生产进行管理。它是一种间接的管理,同时也是微观安全管理的行动指南。实施宏观安全管理的主体是各级政府机构。

微观安全管理主要是指直接参与建设项目的安全管理,包括建筑企业、业主或业主委托的监理机构、中介组织等对建筑项目安全生产的计划、组织、实施、控制、协调、监督和管理。微观安全管理是直接的、具体的,它是安全管理思想、安全管理法律法规以及标准指南的体现。实施微观安全管理的主体主要是施工企业及其他相关企业。

宏观和微观的建筑安全管理对建筑安全生产都是必不可少的,它们是相辅相成的。为了保护建筑业从业人员的安全,保证生产的正常进行,就必须加强安全管理,消除各种危险因素,确保安全生产。只有抓好安全生产,才能提高生产经营单位的安全程度。

(三)安全管理在项目管理中的地位

建筑工程安全管理对国家发展、社会稳定、企业营利、人民安居有着重大意义,是工程项目管理的内容之一。质量、成本、工期、安全是建筑工程项目管理的四大控制目标。这四个目标互相作用,形成一个有机的整体,共同推动项目的实施。只有四大目标统一实现,项目管理的总目标才得以实现。不过,这一切都必须紧密围绕"安全"来进行。

安全是生产的基础,只有良好的安全措施,作业人员才能较好地发挥技术水平,质量也就有了保障。安全是进度的前提,只有在安全工作完全落实的条件下,建筑企业才不会出现严重的安全事故。安全是成本的保证,安全事故的发生必会对建筑企业和业主带来巨大的损失,工程建设也无法顺利进行。

(四)安全生产

安全生产是指在劳动过程中,努力改善劳动条件,克服不安全因素,防止伤亡事故的发生,使劳动生产在保证劳动者安全健康和国家财产以及人民生命财产安全的前提下顺利进行。

安全与生产的关系可用"生产必须安全,安全促进生产"这句话来概括。二者是一个有机的整体,不能分割,更不能对立。

对国家来说,安全生产关系到国家的稳定、国民经济健康持续地发展以及构建和谐社会目标的实现。对社会来说,安全生产是社会进步与文明的标志。一个伤亡事故频发的社会难以称为文明的社会。人民安居乐业,身心健康,是社会团结的基础。对企业来说,安全生产是企业效益的前提,一旦发生安全生产事故,将会造成企业的经济损失,使企业名誉受损,甚至给企业造成致命的打击。对家庭来说,一次伤亡事故,可能造成一个家庭的支离破碎。这种打击往往会给家庭成员带来经济、心理、生理等多方面的创伤。对个人来说,最宝贵的便是生命和健康,而频发的安全生产事故使二者受到严重的威胁。可见,安全生产的意义非常重大。"安全第一、预防为主、综合治理"已成为我国安全生产管理的基本方针。

二、建筑工程安全管理特征

建筑工程的特点,给安全管理工作带来了较大的困难和阻力,决定了建筑安全管理具有自身的特点,这在施工阶段尤为突出。

(一)流动性

建筑产品依附于土地而存在,在同一个地方只能修建一个建筑物,建筑企业需要不断从一个地方移动到另一个地方进行建筑产品生产。建筑安全管理的对象是建筑企业和工程项目,也必然要不断随企业的转移而转移,不断跟踪建筑企业和工程项目的生产过程。流动性体现在以下三个方面。

一是施工队伍的流动性。建筑工程项目具有固定性,这决定了建筑工程项目的生产是随项目的不同而流动的,施工队伍需要不断从一个地方换到另一个地方进行施工,流动性大,生产周期长,作业环境复杂,可变因素多。

二是人员的流动性。由于建筑企业超过80%的工人是进城务工人员,人员流动性较大。大部分进城务工人员没有与企业形成固定的长期合同关系,往往在一个项目完工后即意味着原劳务关系的结束,需与新的项目签订新的合同,这样造成施工作业培训不足,使得违章操作的现象时有发生,不安全行为成为主要的事故发生隐患。

三是施工过程的流动性。建筑工程从基础、主体到装修各阶段,因分部分项工程、工序的不同,施工方法的不同,现场作业环境、状况和不安全因素都在变化,作业人员经常更换工作环境,特别是需要采取临时性措施,规则性往往较差。

安全教育与培训往往跟不上生产的流动性和人员的流动性,造成安全隐患大量存在,安全形势不容乐观。这要求项目的组织管理对安全管理具有高度的适应性,并且具有一定的灵活性。

(二)动态性

在传统的建筑工程安全管理中,人们总是希望将计划做得很精确,但是从项目环境和项目资源的限制上看,过于精确的计划,往往会使其失去指导性,与实际产生冲突,造成实施中的管理混乱。

建筑工程的流水作业环境使得安全管理更富于变化。与其他行业不同,建筑业的工作场所和工作内容都是动态的、变化的。建筑工程安全生产的不确定因素较多,为适应施工现场环境的变化,安全管理人员必须具有持续整合内外资源以应对环境变化和安全隐患挑战的能力,因此,现代建筑工程安全管理更强调灵活性和有效性。

另外,由于建筑市场是在不断变化的,政府行政管理部门需要针对新情况新问题做出及时反应,包括各种新的政策、措施以及法规的出台等,既需要保持相关法律法规及相关政策的稳定性,也需要根据不断变化的环境条件进行适当的调整。

(三)协作性

多个建设主体的协作。建筑工程项目的参与主体涉及业主、勘察、设计、施工以及监理等多个单位,它们之间存在着较为复杂的关系,需要通过法律法规以及合同进行规范。这使得建筑安全管理的难度增加,管理层次多,管理关系复杂。如果组织协调不好,极易出现安全问题。

多个专业的协作。完成整个建筑工程项目的过程中,涉及管理、经济、法律、建筑、结构、电气、给排水、暖通等相关专业。各专业的协调组织也对安全管理提出了更高的要求。

各级建设行政管理部门在对建筑企业的安全管理过程中应合理确定权限,避免多头管理的情形发生。

(四)密集性

首先是劳动密集。目前,我国建筑业工业化程度较低,需要大量人力资源的投入,是典型的劳动密集型行业。由于建筑业集中了大量的进城务工人员,很多没有经过专业的技能培训,这就给安全管理工作带来了挑战。毕竟,建筑安全生产管理的重点是对人的管理。

其次是资金密集。建筑项目的建设需要以大量资金的投入为前提,资金投入大决定了项目受制约的因素多,如施工资源的约束、社会经济波动的影响、社会政治的影响等。资金密集也给安全管理工作带来了较大的不确定性。

（五）法规性

宏观的安全管理所面对的是众多的建筑企业、整个建筑市场，安全管理必须保持一定的稳定性，通过一套完善的法律法规体系来进行规范和监督，并通过法律的权威性来统一建筑生产的多样性。

作为经营个体的建筑企业可以在有关法律框架内自行管理，根据项目自身的特征灵活采取合适的安全管理方法和手段，但不得违背国家、行业和地方的相关政策和法规，以及行业的技术标准要求。

综上所述，以上特点决定了建筑工程安全管理的难度较大，表现为安全生产过程不可控，安全管理需要从系统的角度整合各个方面的资源来有效控制安全生产事故的发生。因此，对施工现场的人和环境系统的可靠性，必须经常进行检查、分析、判断、调整，强化动态中的安全管理活动。

三、建筑工程安全管理意义

建筑工程安全管理的意义有如下几点：①做好安全管理是防止伤亡事故和职业危害的根本对策。②做好安全管理是贯彻落实“安全第一、预防为主、综合治理”方针的基本保证。③有效的安全管理是促进安全技术和劳动卫生措施发挥应有作用的动力。④安全管理是施工质量的保障。⑤做好安全管理，有助于改进企业管理，全面推进企业各方面工作的进步，促进经济效益的提高。⑥安全管理是企业管理的重要组成部分，与企业的其他管理密切联系、互相影响、互相促进。

第二节 建筑工程安全管理的原则

根据现阶段建筑业安全生产现状及特点，要达到安全管理的目标，建筑工程安全管理应遵循以下六项原则。

一、以人为本的原则

建筑工程安全管理的目标是保护劳动者的安全与健康不因工作而受到损害，同时减少因建筑安全事故导致的包括个人家庭、企业行业以及社会的损失。这个目标充分体现了以人为本的原则，坚持以人为本是施工现场安全管理的指导思想。

在生产经营活动中，在处理保证安全与实现施工进度、工程成本及其他各项目标的关系上，始终把从业人员和其他人员的人身安全放到首位，绝不能冒着生命危险抢工期、抢进度，绝不能依靠减少安全投入达到增加效益、降低成本的目的。

二、安全第一的原则

我国建筑工程安全管理的方针是“安全第一、预防为主、综合治理”。“安全第一”就是强调安全，突出安全，把保证安全放在一切工作的首要位置。当生产和安全工作发生矛盾时，安全是第一位的，各项工作要服从安全。安全第一是从保护生产的角度和高度，肯定安全在生产活动中的位置和重要性。

三、预防为主的原则

进行安全管理不是处理事故，而是针对施工特点在施工活动中对人、物和环境采取管理措施，有效控制不安全因素的发展与扩大，把可能发生的事故消灭在萌芽状态之中，以保证生产活动中人的安全健康。

贯彻“预防为主”原则应做到以下几点：①要加强全员安全教育与培训，让所有员工切实明白“确保他人的安全是我的职责，确保自己的安全是我的义务”，从根本上消除习惯性违章现象，减少发生安全事故的概率。②要制定和落实安全技术措施，消除现场的危险源，安全技术措施要有针对性、可行性，并要得到落实。③要加强防护用品的采购质量和安全检验，确保防护用品的防护效果。④要加强现场的日常安全巡查与检查，及时辨识现场的危险源，并对危险源进行评价，制定有效措施，将安全事故发生的危害最小化。

四、动态管理的原则

安全管理不是少数管理者和安全机构的事，而是一切与建筑生产有关的参与人共同的事。安全管理涉及生产活动的各个方面，涉及从开工到竣工交付的全部生产过程，涉及全部的生产时间，涉及一切变化着的生产因素。当然，这并非否定安全管理第一责任人和安全机构的作用。生产活动中必须坚持“四全”动态管理，即全员、全过程、全方位、全天候的动态安全管理。

五、发展性原则

安全管理是对变化着的建筑生产活动的动态管理，其管理活动是持续发展的，以适应不断变化的生产活动，消除新的危险因素。这就需要我们不断摸索新规律，总结新的安全管理办法与经验，指导新的变化后的管理，只有这样才能使安全管理不断上升到新的高度，提高安全管理的艺术和水平，促进文明施工。

六、强制性原则

严格遵守现行法律法规和技术规范是建筑工程安全管理的基本要求，同时强制执行和必要的惩罚也是必不可少的。《中华人民共和国建筑法》《中华人民共和国安全生产法》《工程建设标准强制性条文》等一系列法律法规，都是在不断强调和规范安全生产，加强政府的监督管理，做到对各种生产违法行为的强制制裁有法可依。

安全生产不能因管理者的看法和注意力的改变而改变。项目的安全机构设置、人员配备、安全投入、防护设施用品等都必须采取强制性措施予以落实，"三违"现象（违章指挥、违章操作、违反劳动纪律）必须采取强制性措施加以杜绝，一旦出现安全事故，首先追究项目经理的责任。

第三节　文明施工与环境管理

一、文明施工

文明施工主要是指工程建设实施阶段中，有序、规范、标准、整洁、科学地进行建设施工生产活动。

实现文明施工主要包括以下几个方面的工作：规范施工现场的场容，保持作业环境的整洁卫生；科学组织施工，使生产有序进行；减少施工对周围居民和环境的影响；保证职工的安全和身体健康；做好现场材料、机械、安全、技术保卫、消防和生活卫生等方面的管理工作。

（一）文明施工的意义

文明施工能提高建筑企业综合管理水平。保持良好的作业环境和秩序，对促进安全生产、加快施工进度、保证工程质量、降低工程成本、提高社会效益和经济效益有较大的作用。文明施工涉及人、财、物各个方面，贯穿于施工的全过程中，一个工地的文明施工水平是该工地乃至所在建筑企业在工程项目施工现场综合管理水平的体现。

文明施工是适应现代化施工的客观要求。现代化施工需要采用先进的技术、工艺、材料、设备和科学的施工方案,需要严密组织、严格要求,标准化管理和高素质的职工。文明施工能适应现代化施工的要求,是实现优质、高效、低耗、安全、清洁、卫生的有效手段。

文明施工有利于员工的身心健康,有利于培养和提高施工队伍的整体素质。文明施工可以提高职工队伍的文化、技术和思想素质,培养尊重科学、遵守纪律、团结协作的大生产意识,促进建筑企业精神文明建设,从而促进施工队伍整体素质的提高。

文明施工代表建筑企业的形象。良好的施工环境与施工秩序,可以得到社会的支持和信赖,提高建筑企业的知名度和市场竞争力。

(二)文明施工专项方案

工程开工前,施工单位须将文明施工纳入施工组织设计,编制文明施工专项方案,制定相应的文明施工措施,并确保文明施工措施费的投入。

文明施工专项方案应由工程项目技术负责人组织人员编制,送施工单位技术部门的专业技术人员审核,报施工单位技术负责人审批,经项目总监理工程师(建设单位项目负责人)审查同意后执行。

文明施工专项方案一般包括以下内容:①施工现场平面布置图,包括临时设施,现场交通,现场作业区,施工设备机具,安全通道,消防设施及通道的布置,成品、半成品、原材料堆放等。大型工程平面布置在具体施工时变动较大,可按基础、主体、装修三个阶段进行施工平面图设计。②施工现场围挡的设计。③临时建筑物、构筑物、道路场地硬地化等单体的设计。④现场污水排放、现场给水(含消防用水)系统设计。⑤粉尘、噪声控制措施。⑥现场卫生及安全保卫措施。⑦施工区域内及周边地上建筑物、构造物及地下管网的保护措施。⑧制定并实施防高处坠落、物体打击、机械伤害、坍塌、触电、中毒、防台风、防雷、防汛、防火灾等应急救援预案(包括应急网络)。

(三)文明施工的组织和制度管理

1组织管理

文明施工是施工企业、建设单位、监理单位、材料供应单位等参建各方的共同目标和共同责任,建筑施工企业是文明施工的主体,也是主要责任者。施工现场应成立以项目经理为第一责任人的文明施工管理组织。分包单位应服从总包单位的文明施工管理组织的管理,并接受其监督检查。

2. 制度管理

各项施工现场管理制度应包含文明施工的规定。具体包括个人岗位责任制、经济责任制、安全检查制度、持证上岗制度、奖惩制度、竞赛制度和各项专业管理制度等。加强和落实现场文明检查、考核及奖惩管理，以促进施工文明管理工作提高。检查范围和内容应全面周到，包括生产区、生活区、场容场貌、环境文明及制度落实等。检查发现的问题应采取整改措施。

(四)文明施工的基本要求

施工现场主出入口必须醒目，并在明显的位置设“五牌一图”(工程概况牌、消防保卫牌、安全生产牌、文明施工牌、管理人员名单及监督电话牌、施工现场总平面图)。工程概况牌要标明工程规模、性质、用途、发包人、设计人、承包人、监理单位名称和开工日期、竣工日期、施工许可证批准文号等。

工地内要设立“两栏一报”(宣传栏、读报栏、黑板报)，针对施工现场情况，并适当更换内容，起到鼓舞士气、表扬先进的作用。

建立文明施工责任制，划分区域，明确管理负责人，实行挂牌制，施工现场的管理人员在施工现场应当佩戴证明其身份的证卡。

应当做好施工现场安全保卫工作，采取必要的防盗措施，在现场周边设立围护设施。

施工现场场地平整，道路坚实畅通，有排水措施；在适当位置放置花草等绿化植物，美化环境；基础、地下管道施工完后要及时回填平整、清除积土；现场施工临时水电要有专人管理，不得有长流水、长明灯。

施工区域与宿舍区域严格分隔，并有门卫值班；场容场貌整齐、有序，材料区域堆放整齐，在施工区域和危险区域设置醒目的安全警示标志。

施工现场的临时设施，包括生产、生活、办公用房、仓库、料具场、管道以及照明、动力线路，要严格按施工组织设计确定的施工平面图布置、搭设或埋设整齐，并符合卫生、通风、照明等要求。职工的膳食饮水供应等应当符合卫生要求。

施工现场的各种安全设施和劳动保护器具，必须定期进行检查和维护，及时消除隐患，保证其安全有效。有严格的成品保护措施，严禁损坏污染成品。

应当严格依照国家的相关规定，在施工现场建立和执行防火管理制度，设置符合消防要求的消防设施，并保持完好的备用状态。在容易发生火灾的地区施工，或者储存、使用易燃易爆器材时，应当采取特殊的消防安全措施。

严格遵守各地政府及有关部门制定的与施工现场场容有关的法规。

二、环境管理

（一）环境管理的特点与意义

1.建设工程项目环境管理的特点

第一，复杂性。建筑产品的固定性和生产的流动性，决定了环境管理的复杂性。建筑产品生产过程中生产人员、工具和设备总是在不断流动的，外加建筑产品受不同外部环境影响的因素多，使环境管理很复杂，稍有考虑不周就会出现问题。

第二，多样性。建筑产品生产过程的多样性和生产的单件性，决定了环境管理的多样性。每一个建筑产品都要根据其特定要求进行施工，因此，每个建设工程项目都要根据其实际情况制定健康安全管理计划，不可相互套用。

第三，协调性。建筑产品不能像其他许多工业产品一样可以分解为若干部分同时生产，而必须在同一固定场地按严格程序连续生产，上一道工序不完成，下一道工序就不能进行，上一道工序生产的结果往往会被下一道工序所掩盖，而且每一道工序由不同的人员和单位来完成。因此，在环境管理中要求各单位和各专业人员横向配合和协调，共同注意产品生产过程接口部分环境管理的协调性。

2.建设工程项目环境管理的意义

第一，保护和改善施工环境是保证人们身体健康和社会文明的需要。采取专项措施防止粉尘、噪声和水污染，保护好作业现场及其周围的环境，是保证职工和相关人员身体健康，体现社会总体文明的一项利国利民的重要工作。

第二，保护和改善施工环境是消除对外干扰，保证施工顺利进行的需要。随着人们法律观念的提升和自我保护意识的增强，施工扰民问题反映突出。面对这种情况应及时采取防治措施，减少对环境的污染和对市民的干扰，这也是施工生产顺利进行的基本条件。

第三，保护和改善施工环境是现代化大生产的客观要求。现代化施工广泛应用新设备、新技术、新的生产工艺，对环境质量要求很高，如果粉尘、振动超标就可能损坏设备，影响功能发挥，使设备难以发挥作用。

第四，保护和改善施工环境是节约能源、保护人类生存环境、保证社会和建筑企业可持续发展的需要。人类社会正面临着环境污染和能源危机的挑战，为了保护子孙后代赖以生存的自然资源，每个公民和建筑企业都有责任和义务来保护环境。良好的环境和生存条件，也是建筑企业发展的基础和动力。

（二）环境管理方案的落实

建筑企业应根据环境管理体系运行的要求，结合环境管理方案，对所有可能对环境产生影响的人员进行相应的培训，主要内容有以下几项：①符合环境方针与程序和符合环境管理体系要求的重要性。②个人工作对环境可能产生的影响。③在实现环境保护要求方面的作用与职责。④违反运行程序和规定产生的不良后果。⑤建筑企业要组织有关人员，通过定期或不定期的安全文明施工大检查来落实环境管理方案的执行情况，对环境管理体系的运行实施监督检查。⑥对在项目安全文明施工大检查中发现的环境管理的不符合项，由主管部门开出不符合报告，项目技术部门根据不符合项分析产生的原因，制定纠正措施，交由专业工程师负责落实实施。⑦环境管理过程中的培训、检查、审核等所有工作都应进行记录。

（三）污染的防治

施工现场的环境保护应从各类污染的防治着手。

1.大气污染的防治

大气污染物有数千种，已发现有危害的有100多种，其中大部分是有机物。大气污染物通常以气体状态和粒子状态存在于空气中。施工现场空气污染的防治措施主要针对粒子状态污染物和气体状态污染物进行治理。施工现场的主要道路必须进行硬化处理，应指定专人定期洒水清扫，形成制度；防止道路扬尘；土方应集中堆放；裸露的场地和集中堆放的土方应采取覆盖、固化或绿化等措施。拆除建筑物、构筑物时，应采用隔离、洒水等措施，并应在规定期限内将废弃物清理完毕。施工现场土方作业应采取防止扬尘措施。土方、渣土和施工垃圾运输应采用密闭式运输车辆或采取覆盖措施；施工现场出入口处应采取保证车辆清洁的措施。车辆开出工地要做到不带泥沙，基本做到不洒土、不扬尘，减少对周围环境污染。施工现场的材料和大模板等存放场地必须平整坚实。水泥和其他易飞扬的细颗粒建筑材料的运输、储存要注意遮盖、密封，应密闭存放或采取覆盖等措施；现场砂石等材料砌池堆放整齐并加以覆盖，定期洒水，运输和卸运时防止遗洒。

2.噪声污染的防治

噪声是指对人的生活和工作造成不良影响的声音，是一种影响与危害非常广泛的环境污染问题。噪声可以干扰人的睡眠与工作、影响人的心理状态与情绪，造成人的听力损失，甚至引发疾病。此外，噪声对人的对话干扰也相当大。

建筑施工噪声是噪声的一种，如打桩机、推土机、混凝土搅拌机等发出的声音都属于施工噪声。建筑施工噪声具有普遍性和突发性。对于建筑施工噪声污染的防治，应从生产技术和管理法规两个方面入手采取有效的措施。

第一，从生产技术方面控制噪声。噪声控制技术可从声源控制、传播途径、接收者防护等方面考虑：①声源控制。从声源上降低噪声，这是防止噪声污染的最根本的措施。施工现场应采用先进施工机械、改进施工工艺、维护施工设备，从声源上降低噪声；现场应按照《建筑施工场界环境噪声排放标准》（GB 12523—2011）制订降噪措施。②在传播途径上控制噪声。其一，吸声，利用吸声材料（大多由多孔材料制成）或由吸声结构形成的共振结构（金属或木质薄板钻孔制成的空腔体）吸收声能，降低噪声。其二，隔声，应用隔声结构，阻碍噪声向空间传播，将接收者与噪声声源分隔开来。隔声结构包括隔声室、隔声罩、隔声屏障、隔声墙等。工程施工时外脚手架采用绿色安全网进行全部封闭，使其外观整洁，并且有效减少噪声，减少对周围环境及居民的影响；施工现场的强噪声机械（如搅拌机、电锯、电刨、砂轮机等）要设置封闭的机械棚，以减少强噪声扩散。其三，消声，利用消声器阻止噪声传播。允许气流通过的消声降噪是防治空气动力性噪声（如空气压缩机、内燃机产生的噪声等）的主要装置。其四，减振降噪，对来自振动引起的噪声，通过降低机械振动减小噪声。如将阻尼材料涂在振动源上，或改变振动源与其他刚性结构的连接方式等。③接收者的防护。让处于噪声环境中的人员使用耳塞、耳罩等防护用品，减少相关人员在噪声环境中的暴露时间，以减轻噪声对人体的危害。

第二，从管理与法规方面控制噪声。①对强噪声作业控制，调整制定合理的作业时间。为有效控制施工单位夜晚连续作业（连续搅拌混凝土、支模板、浇筑混凝土等），应该严格控制作业时间。当施工单位在居民稠密区进行强噪声作业时，晚间作业不超过22时，早晨作业不早于6时，在特殊情况下应该缩短施工作业时间。另外，昼间可以将施工作业时间与居民的休息时间错开，中午避免进行高噪声的施工作业。②根据国家标准的要求，建筑施工过程中场界环境噪声昼间不得超过70 dB（A），夜间不得超过55 dB（A）。施工现场因工艺等特殊条件，确需在夜间超噪声标准施工的，施工单位应尽量采取降低噪声措施，向工地所在地的环保部门申请，经环保部门批准、备案后方可施工，且应做好周边居民工作，公示施工期限，求得群众谅解。③加强对施工现场的噪声监测。为了及时了解施工现场的噪声情况，掌握噪声值，应加强对施工现场环境噪声的长期监测。采用专人监测、专人管理的原则，严格按照国家标准进行测量，根据测量结果填写施工场地噪声记录表，凡超过标准的，要及时对施工现场噪声超标的有关因素进行调整，力争达到施工噪声不扰民的目的。④完善法规内容，提高法规的可操作性。我国的现行法规体系中，虽然规定了建筑施工场界环境噪声排放限值，以及一些防治与治理原则，但实施起来仍然有一定难度。可将经济补偿的内容纳入相关规定，为处理施工噪声扰民诉讼案件提供经济赔偿依据。这无疑也会促进建筑施工有关各方积极防治噪声污染。

3. 水污染的防治

水污染物的主要来源有工业污染源（各种工业废水向自然水体的排放）、生活污染源（食物废渣、食油、粪便、合成洗涤剂、杀虫剂、病原微生物等）、农业污染源（化肥、农药等）。施工现场废水和固体废物随水流流入水体部分，包括泥浆、水泥、油漆、各种油类、混凝土外加剂、重金属、酸碱盐、非金属无机毒物等，造成施工现场的水污染。施工现场水污染物的防治措施有：①施工现场应统一规划排水管线，建立污水、雨水排水系统，设置排水沟及沉淀池，施工污水经沉淀后方可排入市政污水管网或河流。②禁止将有毒有害废弃物进行土方回填，以免污染地下水和环境。③施工现场搅拌站、混凝土泵的废水，现制水磨石的污水、电石（碳化钙）的污水必须经沉淀池沉淀合格后再排放，最好将沉淀水用于工地洒水降尘或采取措施回收利用；沉淀池要经常清理。④施工现场的临时食堂，污水排放时可设置简易有效的隔油池，定期清理，防止污染；不得将食物加工废料、食物残渣等废弃物倒入下水道。

第二章 建筑工程施工质量检测

第一节 建筑工程施工质量管理

一、建筑工程质量管理概述

（一）工程质量管理的基本概念

1. 工程质量

质量的概念可以分为广义和狭义两种。广义的定义是：质量是产品（劳务）或工作的优劣程度。狭义的质量则仅指产品（劳务）质量。质量的概念应包括以下三个方面的含义。

1）产品质量

产品质量即产品的使用价值，是指产品能够满足国家建设和人民需要所具备的自然属性，一般包括产品的适用性、可靠性、经济性、安全性和先进美观性等。建设产品质量（工程质量）的使用价值及其属性主要包括以下几项：①适用性。指产品为满足使用目的所具备的技术特性、外观特性以及适用范围，即技术先进、布局合理、使用方便、功能适宜。②可靠性。是指产品在规定的时间和使用条件下达到和通过规定性能的能力。③经济性。是指工程造价合理、维修费少、施工周期短、使用费用低等，该指标可用来衡量产品的经济效果。④安全性。产品在使用过程中对人、对环境的安全保证程度。⑤先进美观性。先进是指技术先进、施工方便、工艺合理、功能适合；美观是指造型新颖、美观大方，与环境协调等。

2）工序质量

工序质量是指生产中人员、机器、材料、方法和环境等因素综合起作用的施工过程的质量。在生产过程中自始至终在起作用的质量因素主要有以下几个方面：①人员。操作人员技术的熟练程度，对“质量第一”的认识，责任心以及生理状况等。②机器。施工机械设备本身的精度,维修保养的好坏等。③材料。材料的物理性能、化学性能和切削性能等。④方法。施工工艺流程、操作规程、工装夹具的选用以及测试仪器的选用等。⑤环境。温度、相对湿度、噪声、照明、色彩以及卫生等。

工序质量就是上述质量因素好坏的综合反映。工序质量通常用工序能力指数来定量表示,工序能力指数是衡量工序能力对于技术满足程度的一种综合性指标。

3)工作质量

工作质量是指企业为了达到工程(产品)质量标准所做的管理工作、组织工作和技术工作的效率和水平。它包括经营决策工作质量和现场执行工作质量。工作质量涉及企业所有部门的所有人员,体现在企业的一切生产经营活动中,并通过经济效果、生产效率、工作效率和产品质量集中表现出来。

产品质量、工序质量和工作质量虽是不同的概念,但三者的联系非常紧密。产品质量是企业生产的最终成果,它取决于工序质量及工作质量。工作质量则是工序质量、产品质量和经济效率的保证和基础。提高产品质量,不能孤立地就产品质量抓产品质量,必须努力提高工作质量,以工作质量来保证和提高产品质量。

2.质量管理

1)质量管理的基本概念

一个企业的质量管理应包括的内容有制定质量标准、建立质量管理的组织系统、进行工序管理、质量问题的分析处理、制定质量保证目标等。

2)质量管理的基本方法

常用的质量管理方法可分为三大类:①用于寻找影响产品质量主要因素的方法,如排列图法、因果图法、统计调查分析法等。②用于找出数据分布状态,进行质量控制和预测的方法,如频数直方图法、控制图法等。③用于找出影响产品质量各种因素之间的内在联系和规律的方法,如相关图法。在运用这些方法时,要注意根据对象的特点,结合实际情况,恰当地选择适用的方法。还应指出,应用质量管理方法的性质,依靠管理技术或专业技术才能解决质量问题。

3)建设单位(业主)的质量责任

业主的质量责任就是对建设实施全过程的质量控制。利用质量控制提高工程质量的意义在于:工程质量是建设产品使用价值的集中体现,工程质量越高,其使用价值也就越大。只有符合质量要求的工程，才能投入正常生产，才能取得投资收益。质量不合格，无疑等于人力、物力和财力的巨大浪费。因此，利用质量管理理论来控制工程质量具有重大的意义。

4)建设企业要把质量管理教育当成企业管理的必要步骤来抓

企业的领导者要明确，对企业全体职工加强质量管理教育是保证和提高工程质量、工作质量的基础。培养质量管理人员是一种人力资源的开发，这对于企业来讲，用于这方面的投资是合算的。工程技术人员和专业管理人员也要认识到，了解和掌握质量管理知识是对专业技术的补充。尤其在科学技术日益发展的今天，做技术工作和专业管理工作，单靠已有知识是不能适应国家现代化基础设施工程建设需要的，必须使自己不断了解和掌握新的科学知识和相应的管理技术。

(二)质量保证与质量体系

1.质量保证

在工程建设中，质量保证是中标单位向用户保证其承建工程的质量能符合招标承包合同中的有关技术标准的规定并保证在规定期限内的正常使用。

2.质量体系

质量体系又称为质量保证网，是企业为了保证质量，运用业务系统的严格组织和科学制度，把企业各部门、各环节的质量管理职能组织起来而形成一个有明确任务、职责、权限，互相协调、互相促进的有机整体，使质量管理制度化、标准化，从而满足用户需要。

一个企业完整的质量体系只有一个。适宜的质量体系应能满足实现质量目标的需要，同时也是经济而有效的。质量体系应包括以下几个方面的内容：①明确的质量目标；②健全的各部门、各环节和各类人员的职责、权限以及协调制度；③完备的各项标准、工作程序；④适宜的工序能力，称职的操作人员，有效的质量检查机构和测试手段；⑤严格的考核和奖惩制度；⑥有效的信息传递、处理和反馈系统。

全面质量管理中的质量体系是按程序运转的，运转的基本方式是PDCA循环。所谓PDCA，即计划(Plan)、实施(Do)、检查(Check)、行动(Action)的首字母组合。PDCA循环是一种科学的质量管理方法与工作程序，是由美国著名数理统计学家戴明根据管理工作的客观规律总结出来的。它通过计划、实施、检查和处理四个阶段把经营与生产过程的质量管理有机地联系起来。

第一阶段是计划阶段(即P阶段),这一阶段的主要内容是分析现状,找出存在的质量问题和造成该问题的主要原因,并针对主要原因,拟定对策和措施,提出计划,预计效果。第二阶段是实施阶段(即D阶段),这一阶段工作内容主要是按计划去实施、执行。第三阶段是检查阶段(即C阶段),这是对执行结果进行必要检查和测试的阶段。将执行的实际结果与预定目标对比,检查执行情况,找出存在的问题。第四阶段是处理阶段(即A阶段),对检查出来的各种问题进行处理,正确的加以肯定,总结成文,编制标准;提出不能解决的问题,移到下一循环做进一步研究。

质量管理活动的全部过程就是反复按照PDCA的管理循环周而复始地运转。这个管理循环每运转一次,质量就提高一次,管理循环不停地运转,质量水平也随之不断地提高。建设企业建立质量体系是向招标单位提供质量保证的基础。企业没有完整的质量体系,建设项目的质量就无法保证。

(三)建设项目的质量工作

1.具体工作

建设项目的质量工作可以分为两大部分:首先是做好工程设计,以确保结构安全和使用功能;其次是做好项目施工质量管理的基础工作,然后在此基础上建立一个建设项目完善的质量体系。

1)工程施工质量管理的基础工作

工程施工质量管理的基础工作主要包括:①学习掌握施工及验收规范、规程;②推行施工作业的标准化;③严格试验、检验制度;④建立各个环节的质量管理责任制。

2)建设项目的质量体系在施工阶段的重点

施工准备阶段的质量管理:①按规定做好工程招标,签订招标承包合同;②组织学习图纸,领会设计意图,确定质量标准;③编制好施工组织设计;④施工机械设备的检修,确保其能正常工作。

施工过程中的质量管理:①检验承包单位质量保证和落实有关管理人员的技术责任制;②完善直接操作人员的工序管理办法,防止不符合规定的操作人员上岗。

工程质量的动态控制:任何质量体系,不可能一建立就达到尽善尽美的地步,它必然有一个逐步完善的过程,工程质量的动态控制就是为了实现这一过程。

质量动态管理目前较有成效的做法是:质量体系的运行和经理责任制、经济责任制以及质量经营、技术进步、职工培训等工作结合进行。针对建设项目特点,实行动态管理,可以将质量信息按区域分点传递、反馈和按各项质量保证分口纵横传递相结合,通过信息传递卡,及时分级分片分类处理,加强预见、预防和预控性。同时,严格按照工作质量标准和工程质量标准进行考核,真正体现以工作质量保证工序质量,以工序质量保证工程质量。

3)质量预控与质量改进

质量预控与质量改进是建设项目全面质量管理的基本观点。"预防为主"要求质量管理不仅要严格地去检验成品,更重要的是分析在施工的全过程中可能出现质量问题的环节,对产品(工程)形成全过程严格控制,在可能出现质量问题的环节采取分析预防措施,尽可能把质量问题消除在出现之前,以保证施工质量。质量改进是项目管理长期和坚持不懈的目标,质量改进的基本目的是提高建设"活动和过程的效益和效率"。

质量控制是将严格把关和早期预防结合起来,将最后把关变为层层设防,使质量管理工作从对质量的消极的事后检验转到积极的事先预防,从管理生产质量问题的结果发展到管理产生质量问题的因素上来。过去施工中开展的防治质量"通病"措施以及"三检制"(自检、互检、专业检)都是行之有效的预防事故手段和防止事故重复再发生的措施。

2. 处理好质量、产量和成本三者的关系

1)质量与成本的平衡关系

标准通常是以数值表示的,达到标准要求的产品(工程)才能计算产量,才能算为合格品。凡不合格的工程都要进行返修甚至要推倒重建,不合格的产品和工程越多,其成本也一定越高。所以,成本的高低,或者成本质量的好坏,是企业经营效果的综合反映。因此,做项目管理、质量管理,必须讲求经济效果,切实重视成本质量。同时,也不能因为强调质量管理就无限度提高标准,应当在一定的成本条件下,求得工程质量越高越好,而不能不顾经济条件去要求"尽善尽美"。

2)合乎标准的工程质量

现在我国质量管理部门已明确规定采用国际通用质量管理与质量保证系列标准(GB/T 19000—ISO 9000)作为质量检验的依据。国际通用合同条件(FIDIC)中对质量标准也做出明确规定,只有"合格品"与"不合格品"之分。

(四)推行全面质量管理

1.建筑标准化和质量管理的关系

建筑标准化工作和质量管理有着密不可分的关系。标准化是质量管理的基础,质量管理是贯彻执行标准化的保证。要提高建筑产品质量,满足国家建设和人民生活的需要,使我们的施工能力和设计水平在国内外建设市场上具有竞争能力,首先就要保证工程质量稳定可靠,在各个方面都要有个标准尺度。用这个标准去衡量每个建设项目的工程质量,把住质量关。所谓“标准”,一方面是衡量工程质量及各项工作质量的尺度;另一方面又是进行设计与施工管理、技术管理、质量管理工作的依据。也就是将建筑产品生产过程的各个方面,包括技术要求、生产活动以及经营管理方法,都纳入规范,形成制度,根据这个标准去组织、指挥全体建设职工的行动,处处按标准要求办事。

推行全面质量管理必须以各种质量评定标准为依据,反过来各种标准的贯彻执行,又要以全面质量管理中的PDCA工作方法做保证。所以,推行标准化同全面质量管理有密切的关系。这一点在建设企业的实际工作中是十分明显的。但是,工程项目的质量管理仅依靠推行全面质量管理是不能满足标准化工作的,还需要统一标准。根据国家有关规定,建设项目实行的是GB/T 19000—ISO 9000系列标准。

贯彻GB/T 19000—ISO 9000系列标准,有利于提高专业化施工程度。比如钢筋工程、抹灰工程、混凝土工程、木作工程、油漆粉刷工程、砌筑工程、水暖工程、电气工程等都可以成立专业化施工队。专业化程度的提高,有利于提高机械化程度,从而在企业(集团)中组建专业化分公司,进行工厂化加工。

贯彻GB/T 19000—ISO 9000系列标准后,建筑标准化可以简化生产组织工作,有利于采用流水生产线和自动生产线等先进的生产组织形式,有利于日常的工程管理工作,使更多的技术人员和管理人员把精力集中到施工准备、改善施工秩序、组织均衡施工、保证工程质量等工作上来。

实行建筑标准化,可以减少设计工作量,使设计人员能够集中力量和加强对建设项目质量体系的研究工作。同时,由于实行标准化,在工程维修、社会服务等方面也带来了利好影响。

2.建立全面质量管理和GB/T 19000—ISO 9000系列标准认证推行机构

1)建立与健全质量管理机构

全面质量管理和GB/T 19000—ISO 9000系列标准认证工作,是全面的、综合的、科学的系统管理，需要动员和组织企业各部门全体人员参加，并把职能部门有机联系起来，形成一个运转灵活、效率高、协同工作的整体。因此，必须建立起相应的质量管理机构，以便推进全面质量管理和GB/T 19000—ISO 9000系列标准认证活动的进行。

质量管理机构应建立在企业各业务部门认真执行岗位责任制的基础上，由企业的主要领导直接负责，做到每个部门、每个人都有职、有权，各负其责，上下贯通，使整个企业的生产指挥系统步调一致，指挥灵活。质量管理活动本身是企业的业务工作，它不是企业管理的额外负担，各部门必须与本职工作紧密结合，把质量管理工作融会到日常业务活动中去。各部门的职能工作人员要不断提高和加强质量管理的自觉性，树立“质量第一”的思想，学会运用《质量管理和质量保证》系列标准去布置、检查、总结工作。

2)质量管理机构的职责

综合管理方面:①进行在建工程和已完工工程质量状况的调查、综合统计和分析;②制定质量方针和质量目标计划，检查考核计划的执行情况;③参与中标承包合同规定的有关确保工程质量工作，如参加会审设计图纸、制定施工组织设计和质量保证;④组织和协调各部门的质量管理;⑤配合政府和教育部门组织各种质量教育和培训;⑥系统搜集整理汇编和交流质量情报。

技术指导方面:①对企业所属各部门进行质量管理与业务方面的指导;②定期或不定期地检验与核查材料、半成品和成品及分部、分项工程质量，检查质量检验工作;③研究和应用全面质量管理和贯彻GB/T 19000—ISO 9000系列标准的方法和经验;④开展质量管理方面的技术革新和试验研究工作。

用户服务方面:①组织工程回访，进行已交工工程项目使用效果的调查研究;②组织开展对用户的技术服务工作;③处理用户意见和有关工程质量的来信和来访事宜;④配合工程监理单位和地区质量检查站(中心)的质量监管工作。

3.开展质量管理小组活动

1)开展质量管理小组活动的作用

一个现代化的建设企业，就一个承包工程项目而言，可能有几百人，有几十个专业工种，几十道工序同时施工。要想仅依靠专职质量管理机构和少数质量检查人员搞好质量管理工作是不可能的，一定要广泛发动群众参加质量管理。实行专业管理和群众管理相结合，使“专管成线，群管成网”，只有这样才能做好质量管理工作。国外推行全面质量管理的经验证明，开展群众性的质量管理小组活动，是一种十分有效的方式。

质量管理小组就是在同一项目经理部或同一工程项目工作的人（一般不超过10人），自愿组成相互协作的质量管理组织。每个小组都可以针对自己工作范围（包括管理层与作业层）内的质量问题，进行调查、研究、分析，提出具体措施，并加以改进。质量管理小组在生产第一线开展质量管理活动，对保证和提高工程质量，提高工作效率，节约资源，具有十分重要的意义。但是，需要强调的是管理层应围绕工程项目的质量体系的运行开展质量管理小组活动。

2）质量管理小组活动的特点

质量管理小组活动的特点主要包括：①广泛发动群众，依靠群众，走群众路线；②自愿结合，坚持不懈；③结合实际工作，选择课题，争取在每个月或每季度的时间内，通过PDCA循环，解决一个重点问题；④质量管理小组活动要制定规划，纳入项目经理部的工作计划；⑤定期举行质量管理小组成果交流会，以利于相互促进质量管理活动的开展。

3）质量管理小组的活动步骤

开展质量管理小组活动，不但是推行全面质量管理的重要手段，也是加强施工队伍建设的好形式。认真做好组织发动工作，借助质量管理小组活动，来激发广大职工学文化、学技术的热情，对提高企业在建设市场的竞争能力有一定的作用。对开展质量管理小组活动积极并有成果者，要及时给予表扬和奖励。企业各级组织和质量管理部门、技术部门和教育部门要大力协同，并在实际工作中总结交流经验，使质量管理小组的活动开展起来，迅速提高职工的文化和技术素质，这对提高工作质量和保证工程质量有重要意义。

二、项目经理质量管理责任制

（一）有明确的质量目标和质量体系

保证建设产品达到国家技术规范确定的质量标准和使用功能，是质量管理和质量保证的中心目标。中标单位应根据自己拟定的投标承包任务，向招标单位提出协作要求，以确保工程项目总目标的完成。具体目标应包括工程质量目标、工期目标、成本（价格）目标。项目经理对如何建成整体工程也应有一个明确的目标，以保证建设项目质量目标得以实现。

项目经理在制定每个承包项目工程质量目标和质量体系时，应当做到“三个坚持”与“三个易于”，文字要简练，内容要全面。“三个坚持”：一是坚持要符合国家技术标准，大中型建设项目应坚持采用GB/T 19000—ISO 9000系列标准；二是要坚持与本单位(公司)的质量体系同步运作;三是要坚持落实投标时向建设单位(业主)提出的质量保证条件。“三个易于”:一是易于操作,班组能够执行;二是易于建设单位(业主)的检查监督;三是易于工程监理人员的控制,以确保质量目标的实现和系统管理的有效运行。

(二)建立专职质量管理部门及质量责任制

1.项目经理部专职质量管理部门的任务

项目经理部专职质量管理部门的任务主要包括:①提高质量管理活动的计划性,把项目经理部的全部工作计划纳入质量管理的轨道;②组织、协调、综合、统计等部门的质量保证活动;③检查、监督及督促各部门的质量管理职能的落实;④组织形成和健全质量反馈系统,保证给指挥系统提供反馈信息;⑤研究和制定保证质量和提高质量体系效率和效能的计划;⑥开展全员培训,负责质量教育,组织群众性的质量活动(开展质量管理小组活动);⑦掌握和分析质量体系运行动态,组织新的协调和平衡,不断完善项目经理部的质量体系。

2.建立质量责任制

建立质量责任制主要包括:①建立和健全保证工程质量的各项管理制度,使项目经理部各业务部门,各道环节从上到下都担负起质量管理的职能;②建立项目经理部全体人员的质量岗位责任制,用提高工作质量保证工程质量;③推进质量标准化,保证各项质量管理基础工作的巩固与发展;④建立与健全奖惩制度,重奖优质工程,严肃处理违章作业和劣质产品,清除质量“通病”;⑤建立项目经理部的自检、交接检查及专职检查制度的实施细则,及时分析工程质量存在的问题和改进质量工作的措施;⑥建立追查质量事故制度,对事故原因一追到底,对事故责任者进行教育和处理,及时提出预防措施;⑦建立严格的分部分项及单位工程交工回访制度,做好工程保修工作,搞好信息反馈;⑧制定接受地区质量监督机构及监理工程师的检查和监督工作条例,保证质量检验证书的可靠性和完整性。

(三)项目经理部对施工图设计深度的基本要求

1.项目经理部对收到的施工图设计深度的基本要求

施工图设计是根据批准的(扩大)初步设计的内容和要求,对建设项目所有的主、辅厂房建筑,附属设施及主要关键部位的土木建筑及设备安装工程绘出正确的、完整的、尽可能详细的施工图纸,对其基本要求包括:①能保证设备、材料采购、运输的需要;②能保证各种非标准设备、工具加工制作、采购和运输;③能正确计算建筑安装工程量和材料用量;④施工预算的编制;⑤建筑安装工程的施工组织设计(措施)的编制;⑥便于选用合理的施工工艺,保证工程质量和安全作业;⑦建筑安装工程的实施操作;⑧能确保施工作业的环境标准。

2. 对施工图审查内容的基本要求

建设项目是根据工程设计来实施的,施工图纸是施工的依据。施工图应能便于施工人员了解图纸的内容、要求和特点,以及是否符合现场实际条件,能否解决工程设计与实际、建筑与安装及各工程之间的矛盾,以便正确无误地进行施工,以上是项目经理对施工图审核上的基本要求。在施工图符合要求的前提下,项目经理应做好下列四项工作。

1)学习

项目经理部及专业队的技术人员在施工前必须认真熟悉和掌握施工图,了解设计要求施工达到的技术标准,明确工艺流程设计建设规模等。

2)初审

由项目经理组织有关施工人员对工程图纸进行审查,并在熟悉和掌握图纸的基础上核对工程图纸的详细细节。

3)专业会审

施工图纸的会审是由承包单位(企业)的技术负责人负责。在承包单位技术负责人向项目经理进行技术交底的基础上,项目经理组织土建与水、暖、电及设备安装等专业共同会审并核对图纸,消除差错,协商施工交叉作业等事宜。

4)综合会审

土建人员与其他专业人员在内部专业会审的基础上与建设单位、设计单位及工程监理单位等共同审核图纸、解决图纸中存在的问题,研究各专业之间的配合和施工工艺。

3. 熟悉图纸的方法

1)先粗后细

先看平面、立面、剖面,再看细部结构与交叉作业工序。

2)先小后大

先看小样,后看大样,做到由浅入深。

3)先建筑后结构

一般先看建筑图,后看结构图。要核对建筑图和结构图的轴线位置是否相符,有无矛盾。

4)先一般后特殊

先看一般的部位和要求,再看特殊的部位和要求。

5)图纸和说明结合

图纸要和设计总说明及图中的细部说明结合起来看,注意图纸和说明有无矛盾,规定是否明确,要求是否可行。

6)土建工程和设备安装结合

看土建图要参看安装图,目的是对照土建工程和设备安装图纸查看有无矛盾,有时安装图上有的,土建图上没有,如果土建施工人员不去看安装图,往往易造成遗漏。另外,预埋件、预留洞的位置、尺寸要核对清楚,明确安装对土建的要求后才能施工。如发现有矛盾,应及时提出,及时解决,避免造成错误。核对无误后才能施工。

7)看图要和实际情况相结合

在熟悉图纸的同时,还要考虑施工条件,采用拟选择的施工工艺能否满足设计图规定的要求,设计图和现场情况是否吻合,等。

4. 审查图纸要点

审查图纸要点主要包括:①研究各单位审查中提出的问题,检查图纸及说明是否齐全,是否清楚明确。②审查建筑、结构、水、暖、电、卫、地下管道及设备安装等图纸是否相符,内部结构与工艺管线、工艺设备有无矛盾。③审查设计计算假定和采用的处理方法是否符合实际情况,施工时工程结构是否有足够的稳定性,对安全施工有无影响。④建筑与地下工程、地下管线之间有无矛盾,地基处理和基础设计有无问题。⑤设计中要求采用的新技术、新工艺、新材料、新结构和技术复杂的特殊工程,在施工工艺上的必要性和实现的可能性,以及与施工操作规程是否符合等。⑥审查设计变更资料,均须有文字记录,并纳入工程档案,作为施工及竣工结算的依据。重要的施工图变更应按照竣工图的有关规定进行修订后方能存档。

(四)项目经理与施工方案制定和技术交底制度

1. 施工方案制定

在工程承包合同签订后,中标单位最好能在设计阶段参与制定施工图设计的方案讨论。这样,施工单位可提前了解设计意图,反馈施工信息,使设计能适应施工过程的技术、设备和物资供应条件,确保设计和工程质量,避免设计返工或不必要的修正。这样,施工单位可根据设计图纸作施工准备,制定施工方案,提前确定项目经理和组成项目经理部,对有关人员进行技术交底。因此,有些建设项目的招标应当在初步设计完成后、进行施工图设计前进行,这样对确保工程质量和工程进度至关重要。

2. 技术交底

技术交底是参与施工的人员在施工前了解设计和施工的技术要求,以便科学地组织施工,按合理的工序、工艺进行作业的重要制度。在单位工程、分部工程、分项工程正式施工前,项目经理部的技术负责人必须认真做好技术交底工作。

技术交底的内容根据不同层次有所不同,主要包括施工图纸、施工组织设计、施工工艺、技术安全措施、规范要求、操作规程、质量标准要求等。对于重点工程、特殊工程,采用新结构、新工艺、新材料、新技术的特殊要求,更需详细地交代清楚。技术交底分工和主要内容,应根据工程项目的简繁程度来划分阶段和层次。技术交底工作必须有工程监理单位人员参加,并听取监理人员的意见。单位工程(分项工程)技术交底后,一般应填写施工技术交底记录,其格式可与业主及工程监理人员共同商定。

(五)项目经理部的工程质量检查制度和方法

项目经理部的"四检制"是确保工程质量的基础工作,也是当前工程质量管理最薄弱的环节。要搞好"四检制",项目经理必须根据每个工程项目的具体情况,按工种、工序制定实施细则,并在技术交底时纳入交底文件中,由专人组织实施。

1. 自检制度

自检制度即班组及操作者的自我把关,保证向下道工序交付合格产品(工程)的制度。自检必须建立在认真进行技术交底,班组充分了解本工种工序的操作规程和技术要领上。技术交底资料要完整,班组要有一套完整的管理办法,包括建立质量管理小组实行持证上岗和严格的质量控制。

2. 互检制度

互检制度即操作者之间互相进行质量检查。其形式有班组互检、上下道工序的互检、同工序互检等。互检工作开展的好坏是班组管理水平的重要标志,也是操作质量能否持续提高的关键。互检制度可在一个工程项目内,或扩大到单位工程之间的互检。

3. 交接检查制度

交接检查制度即前后工序或作业班之间进行的交接检查,一般应由工长或施工队长组织进行。这就是要求操作者和作业班树立整体观念和为下道工序(或作业班)服务的思想,既要保证本工序(或本班)的操作的质量,又要为下道工序(或作业班)创造条件,而下道工序(或作业班)亦复如此,形成环环相扣、班班把关的局面。对实行单位工程承包的项目,项目经理必须坚持交接检查制,并做好详细记录,以便明确质量责任。

4.分部、分项工程检查制度

分部、分项工程检查制度指签订招标承包合同的企业的质量检查部门和有关职能部门,对每个分部、分项工程的测量定位、放线、翻样、施工质量以及所用的材料、半成品、成品的加工质量,逐项进行检验,及时纠正偏差,解决问题。项目经理部的有关人员要做好检验的原始记录。

要实现“四检制”必须建立严格的技术工作(包括选择的施工工艺、操作规程、工艺流程等)复核制度。技术工作复核制度是指项目经理部在各个分部(分项)工程施工前,组织有关部门对各项技术工作进行严格的复核,发现问题,及时纠正。保证技术措施的合理准确,消除技术指导和施工图上可能出现的问题。

第二节 建筑工程施工质量监督

一、工程质量监督机构的主要职能

(一)工程质量宏观管理职能

工程质量宏观管理职能主要包括:①协助建设行政主管部门做好对参与工程建设各方主体的质量保证能力和质量行为的控制管理。如受托进行资质审查以及监督各方质保体系的运转情况。②宏观质量统计、分析及参与质量政策制定。③对辖区内的建材检测业务、无损检测业务的管理职能或督察职能。④事故调查鉴定职能。即一旦发生工程质量事故,监督机构应参与事故原因调查,进行事故等级鉴定,向建设行政主管部门提出事故处理的意见,提出工程返工或整改处理的意见及经济处罚标准,并对整改结果进行验收。

(二)工程实体质量的监督评价职能

工程实体质量监督包括对受监工程在施工过程中的质量状况进行现场检测检查,对材料及建筑工程用品、设备质量检查,隐蔽工程检查和工程质保资料的同步检查,以及对工程的质量状况做出全面的评价。不仅要对工程实体的质量做出全面科学的评价,而且要对各方主体的质量行为做出评价。其目的在于消除目前质量等级评定中存在的弊端,提高监督的科学性和权威性,以及工程质量监督管理的效力。因此,加强对工程质量监督评价方法的研究也是专职工程质量监督机构的一项重要工作。

(三)工程质量技术服务职能

工程质量技术服务职能包括以下几点。

对危旧房屋、超期服役的设备装置质量状况(包括安全性、可靠性)的鉴定职能,以及对其进行改造、大修可行性的论证(从保证质量和安全的角度讲),以充分发挥工程质量监督站在工程质量检测技术和对工程质量整体状况上进行评价判断所具有的优势。

建筑工程用品(如钢、铝合金门窗;水暖管阀件;导线、开关插座及电器元件;等等)的质量检测鉴定及认证职能。在工程现场加强对工程用品的监督抽查检验很有必要。

预制构件和预制产品(如各种楼板、防腐管线)的质量检测及相应生产企业的认证管理职能。对这方面的管理也是建设行政主管部门宏观质量控制的重要职责之一,专业工程质量监督机构正好具有专业的技术与人员,可对此项管理工作进行补充。

组织工程施工及验收规范、工程质量标准及质量管理培训学习职能,以及新标准宣贯职能。工程质量监督站作为专门从事工程质量监督管理的机构,从事这方面的工作具有独特优势。

设备监造职能。从近年来工程质量的整体情况特别是从工业建设项目来看,设备质量状况是制约工程质量整体水平提高的一个重要因素。工程质量监督工作向设备监造方向延伸是工程质量管理工作发展的必然趋势。

二、工程质量监督与监理

(一)工程监理与施工管理的异同

我国工程监理呈一种纵横交叉的形式,它包含政府的监督检查(纵向监理)与社会监理(横向监理)。施工管理是按工程设计对工程项目实施的组织与管理。工程监理的服务对象是聘用监理的“业主”。施工管理的服务对象除聘用的“业主”外,还包括勘察设计单位。工程监理的服务范围,包括建设项目勘察设计工程监理,施工管理只限于建设项目实施阶段的管理。工程监理与施工管理是矛盾与合作的关系。矛盾是各自的企业利益不同、工作内容不同、工作方法不同。合作是必须的,双方都要为实现建设项目的总目标共同努力,均需按国家的法律法规及相应的技术标准和规程进行工作。

(二)工程质量监督与工程建设监理的关系

工程质量监督和建设监理都是我国为确保工程建设的质量、提高工程建设水平而先后推行的制度。由于人们对这两种制度的实施和作用存在不同的看法,在具体操作上存在角色不到位或职责不明晰的问题,常常使人们对两者产生一些模糊的认识。

1.工程质量监督与工程建设监理的区别

性质不同:工程质量监督机构是代表政府对工程质量实施监督检查,其性质是执法检查,宗旨是保证工程质量,维护社会公共利益,保障公共安全。工程建设监理是监理单位受建设单位的委托,依据工程建设的法律法规、监理合同等要求,对工程建设项目实施的监理管理,其性质是代表建设单位对工程进行的管理,是一种社会化的企业行为。

工作职责不同:工程质量监督的工作职责主要是接受监督委托;制定工程质量监督计划和确定质量控制监督程序;对工程前期各方责任主体行为是否遵守国家有关建设管理规定的执法检查;在施工过程中对主要质量环节的质量抽查;对四大责任主体行为质量的检查监督;对质量事故的调查处理及质量纠纷的仲裁;根据有关方面的委托,对有关责任各方违反《建设工程质量管理条例》行为进行调查和处罚;质量认可;竣工验收环节的监督检查;建设工程备案;编写工程质量监督报告。而工程建设监理的工作职责是以合同约定为基础,代表建设单位对工程质量实施全过程的监督控制和管理。主要工作包括审查工程中使用的原材料、半成品、设备的质量;监督施工单位按规范、标准和设计要求进行施工,控制工程质量;抽查工程施工质量,对工程质量提出评估意见;协助建设单位组织竣工验收等。工程建设监理的工作方式以现场巡视、检查、工程质量评估等形式实施动态控制,侧重的是实物质量是否达到预期质量目标的控制。

质量责任不同:工程质量监督行使的是政府对工程质量的监督管理职能,质量监督机构不是工程建设的参与主体,不承担直接的责任,一般来讲只承担“监察督促”的责任,发生监督失职时,将受到行政处分。而工程建设监理单位是受建设单位的委托工程对实施具体管理控制,是工程建设的参与主体之一,应承担起工程质量管理的直接责任。

2.工程质量监督与工程建设监理的联系

建设监理对工程质量的直接监督管理工作需要接受政府的监督检查;工程质量监督机构实施对建设工程质量的宏观控制有赖于建设监理的日常检查等微观控制。《建设工程质量管理条例》实施后,建设监理在工程建设中的地位、作用、权利和义务将进一步加强,承担的工程质量管理责任也将更重。质量监督机构在行为质量的督察和竣工验收等环节中的执法地位将更加突出。因此,监督和监理只有严格执业,各司其职,才能使工程质量和建设水平得到切实的保证和提高。

3.存在的问题

由于工程建设监理推行时间不长,监理管理机制尚不健全,从业人员素质参差不齐,监理单位对工程质量的控制能力和水平不一,且监理单位受建设单位的委托,在一定程度上不得不听从建设单位的指令,而部分建设单位行为的不规范,更影响了建设监理单位对工程质量的控制力度。由于存在上述问题,我们应该认识到:推行建设监理制后,工程质量监督站对工程质量的直接监督仍然应该继续,特别是工程质量的等级核验章不能丢。放弃工程质量等级核验权,就等于放弃政府对工程质量的监督管理。

三、监督站对建设、施工、设计单位的要求

为了使工程质量监督机构顺利开展工作,各单位必须为监督机构开展工作提供必要的便利条件。监督机构一般也要对建设、施工、设计等有关单位提出一些基本的要求。

(一)对建设单位的要求

对建设单位的要求主要包括:①建设单位必须遵守《建设工程质量管理条例》的规定,遵守基本建设管埋程序,对工程勘察、设计、施工及设备材料供应按要求进行招标,支持监理和监督行使质量管理职权。②给工程质量监督机构履行职责提供便利条件。③对监督站监督人员提出有关工程质量的意见,如有不同看法,及时向监督人员或监督站提出以求得统一意见。如发现监督人员有不廉洁奉公、忠于职守的现象和徇私舞弊、弄虚作假、滥用职权的行为应及时向监督站提出。④建设单位提出修改意见时,必须经过设计及施工单位同意并提出设计变更或工程联络单方可作为施工的依据,否则,不得要求施工单位不按施工图施工。凡涉及建设规模、施工工艺、工程投资等重大设计变更,必须由原设计单位报请原审批单位批准后,方可办理。

(二)对施工单位的要求

对设计单位的要求主要包括:①施工单位在工程开工前应将工程项目技术负责人和质保体系中的各级质量检查人员名单以书面形式报监督站;同时应将施工组织设计报监督站审查。②对监督站监督人员提出有关工程质量的意见,如有不同看法,及时向监督人员或监督站提出以求得统一意见。如发现监督人员有不廉洁奉公、忠于职守的现象和徇私舞弊、弄虚作假、滥用职权的行为应及时向监督站提出。③凡监督站必须到位验收的部位应在验收前提前1~2天通过监理单位(或业主单位)通知监督站,以保证监督站监督人员能准时参加验收。④对监督站提出的整改意见应认真落实,只有整改合格后,方可进行下道工序的施工,重大的质量整改应向监督站写出书面报告。⑤隐蔽工程只有经过甲方代表验收合格后方可隐蔽,并应做好隐蔽工程检查记录,以备监管站检查。

(三)对设计单位的要求

对施工单位的要求主要包括:①对监督站监督人员提出有关工程质量的意见,如有不同看法,及时向监督人员或监督站提出以求得统一意见。如发现监督人员有不廉洁奉公、忠于职守的现象和徇私舞弊、弄虚作假、滥用职权的行为,应及时向监督站提出。②由于设计单位的计算错误、做法改变、尺寸矛盾、结构变更、生产工艺变更和流程变化等问题引起的变更,必须由设计单位提出设计变更或设计变更图纸,并由施工单位根据施工准备和工程进展情况,做出能否变更的决定后,才能执行。

四、政府对建筑工程的质量监督

(一)政府的监管与质量监督检查

1.政府的监管

政府对建设项目监管除强化建设市场的有关法律法规建设外,其监管范围包括建设项目的各方。但重点有四个方面:①项目法人责任制;②实行建设项目招标、投标制;③工程项目监理制;④招标承包合同的签订与落实。为了确保四项基本制度的落实,各级政府有关部门应严把市场准入关,大力加大建设市场的监管力度。

在国务院颁发的《建设工程质量管理条例》中确立了工程竣工备案制度,由建设单位履行工程验收职责,政府通过验收文件备案手续,对各方主体遵守建设工程质量法律法规,遵守建设程序,履行质量责任的状况进行监督,发现有违法违规行为,即可停止工程使用,这为政府提供了有力的质量监督手段。

2. 工程质量监督

工程质量监督是建设工程质量监管的组成部分,与质量管理不同,它是由政府授权的专门机构对建设工程质量实施的监督。质量监督机构(监督站)是在各级政府建设主管部门领导下,具有权威性的管理机构。质量监督站对质量监督的内容包括:①工程开工前,对受监工程的勘察、设计和施工单位的资质等级及营业范围进行核查,凡不符合规定要求的不得开工。②工程施工中,按计划对工程质量进行抽查。房屋建筑和结构物工程的抽查重点是地基基础、主体结构和决定使用功能、安全性能;其他工程的监督重点视工程性质确定。建筑构件质量监督,重点是核查生产许可证、检测手段和构件质量。③工程完工后,监督站在施工单位验收的基础上对工程质量等级进行核验。

从广泛含义看,质量监督还包括对设计单位和建设单位(或其委托授权单位)的监督,但目前主要是根据工程设计要求对项目施工的质量进行监督。

(二)政府对建筑工程质量监督的具体内容

建设工程质量法规可分为行政法规和工程技术法规两大类。

1. 行政法规

行政法规为工程质量管理活动提供管理基础,确保其规范化运作。如我国的《中华人民共和国建筑法》《中华人民共和国招标投标法》《建设工程质量管理条例》等。根据我国行政法规的层次和立法机关的地位,可以将行政法规划分为法律如《中华人民共和国建筑法》、行政法规如《建设工程质量管理条例》、部门规章如《建筑业企业资质管理规定》、地方性法规和地方规章五个层次。它们分别由全国人民代表大会、国务院、住房和城乡建设部及国务院相关部门,省、自治区和直辖市人民代表大会及地方人民政府按规定的立法程序制定发布。下层法规以上层法规为依据,与上层法规相抵触的下层法规一律无效。

2. 工程技术法规

为了促进技术进步、保证工程质量、保障人身和财产安全,以及产品标准化的要求,还需要制定一系列的工程技术规范、操作工艺规程、验收标准等技术文件。如设计规范、工程施工及验收规范、工程质量检验评定标准等,这些技术文件由各级建设行政主管部门或有关专业部门组织制定和修订,由各级政府质量技术监督部门批准,统一编号、发布实施,其中强制性标准具有法律效力。

第三节　建筑工程施工质量控制

一、施工质量控制

(一)施工质量控制的内涵

1.施工质量控制的基本概念

1)质量

质量是反映产品、体系或过程的一组固有特性满足要求,质量有广义与狭义之分。广义的质量包括工程实体质量和工作质量。工程实体质量不是靠检查来保证的,而是通过工程质量来保证的。狭义的质量是指产品的质量,即工程实体的质量。

2)施工质量控制

施工质量控制是指在明确的质量方针的指导下,通过对施工方案和资源配置的计划、实施、检查和处置,进行施工质量目标的事前控制、事中控制和事后控制的系统过程。施工是形成工程项目实体的过程,也是形成最终产品质量的重要阶段。所以,施工阶段的质量控制是工程项目质量控制的重点。

2.施工项目质量控制的特点

由于项目施工涉及面广,是一个极其复杂的综合过程,再加上项目位置固定、生产流动、结构类型不同、质量要求不同、施工方法不同、体型大、整体性强、建设周期长、受自然条件影响大等特点,因此,施工项目的质量比一般工业产品的质量更难以控制,主要表现在以下几个方面。

1)影响质量的因素多

如设计、材料、机械、地形、地质、水文、气象、施工工艺、操作方法、技术措施、管理制度等,均直接影响施工项目的质量。

2)容易产生质量变异

因项目施工不像工业产品生产有固定的自动性和流水线,有规范化的生产工艺和完善的检测技术,有成套的生产设备和稳定的生产环境,有相同系列规格和相同功能的产品;同时,由于影响施工项目质量的偶然性因素和系统性因素都较多,因此,很容易产生质量变异。如材料性能微小的差异、机械设备正常的磨损、操作微小的变化、环境微小的波动等,均会引起偶然性因素的质量变异;当使用材料的规格、品种有误，施工方法不当，操作不按规程，机械故障，测量仪表失灵，设计计算错误等，均会引起系统性因素的质量变异。最终造成工程质量事故。因此，在施工中要严防出现系统性因素的质量变异，要把质量变异控制在偶然性因素的范围内。

3)容易产生第一、二判断错误

施工项目由于工序交接多，中间产品多，隐蔽工程多，若不及时检查实际情况，事后再看表面，就容易产生第二判断错误，即容易将不合格的产品认为是合格的产品；若检查不认真，测量仪表不准，读数有误，则会产生第一判断错误，即容易将合格的产品认为是不合格的产品。因此，在进行质量检查验收时，应尤其注意。

4)质量检查不能解体、拆卸

工程项目建成后，不可能像某些工业产品那样，再拆卸或解体检查内在的质量，或重新更换零件，即使发现质量有问题，也不可能像工业产品那样实行“包换”或“退款”。

5)质量要受投资、进度的制约

施工项目的质量受投资、进度的制约较大。一般情况下，投资大、进度慢，质量就好；反之，质量则差。因此，项目在施工中，还必须正确处理质量、投资、进度三者之间的关系，使其达到相对的统一。

3.施工质量控制的依据

施工质量控制的依据主要包括：①工程合同文件(包括工程承包合同文件、委托监理合同文件等)。②设计文件“按图施工”原则。③国家及政府有关部门颁布的有关质量管理方面的法律、法规性文件。④有关质量检验与控制的专门技术法规性文件，这类专门技术法规性文件的依据主要有以下四类，其一，工程项目施工质量验收标准。如《建筑工程施工质量验收统一标准》(GB 50300—2023)以及其他行业工程项目的质量验收标准。其二，有关工程材料、半成品和构配件质量控制方面的专门技术法规性依据；有关工程材料及其制品质量的技术标准；有关材料或半成品等的取样、试验等方面的技术标准或规程等；有关材料验收、包装、标识及质量证明书的一般规定等。其三，控制施工作业活动质量的技术规程。其四，凡采用新工艺、新技术、新材料的工程，事先应试验，并应有权威性技术部门的技术鉴定书及有关的质量数据、指标，在此基础上制定有关质量标准和施工工艺规程，以此作为判断与控制质量的依据。

4.施工质量控制的全过程

为了加强对施工项目的质量控制,明确各施工阶段质量控制的重点,可把施工项目质量控制分为事前质量控制、事中质量控制和事后质量控制三个阶段。

1)事前质量控制

事前质量控制以预防为主,主要审查施工单位是否具有能完成工程并确保其质量的技术能力及管理水平;检查工程开工前的准备情况,对工程所需原材料、构配件的质量进行检查和控制,杜绝无产品合格证和抽检不合格的材料在工程中使用,并在抽检、送检原材料时需一方见证取样,清除工程质量事故发生的隐患;联系设计单位和施工单位进行设计交底和图纸会审,并对个别关键和施工较难部位协商解决。施工时应采用最佳方案,重审施工单位提交的施工方案和施工组织设计,审核工程中拟采用的新材料、新结构、施工新工艺、新技术鉴定书,对施工单位提出的图纸疑问或施工困难,热情帮助指导,并提出合理化的建议,积极协助解决。

2)事中质量控制

事中质量控制坚持以标准为原则,在施工过程中,施工单位是否按照技术交底、施工图纸、技术操作规程和质量标准的要求实施,直接影响到工程产品的质量,是项目工程成败的关键。因此,管理人员要进行现场监督,及时检查,严格把关,强有力地保证工程质量。其中,在土建施工中,模板工程、钢筋工程、混凝土工程、砌体工程、抹灰工程、装饰工程等施工工序质量是项目质量管理与控制的重点。

3)事后质量控制

事后质量控制是指竣工验收控制,即对于通过施工过程所完成的具有独立的功能和使用价值的最终产品(单位工程或整个工程项目)及有关方面(如质量文档)的质量控制,其目的是确认工程项目实施的结果是否达到预期要求,实现工程项目的移交与清算。其包括对施工质量检验、工程质量评定和质量文件建档。

施工过程要从各个环节、各个方面落实质量责任,确保建设工程质量。作为施工的管理者,要通过科学的手段和现代技术,从基础工作做起,注意施工过程中的细节,加强对建筑施工工程的质量管理和控制。

(二)施工质量控制的原则

1.坚持质量第一,用户至上

建筑产品作为一种特殊的商品,使用年限较长,是百年大计,直接关系人民生命财产的安全。所以,工程项目在施工中应自始至终地把“质量第一,用户至上”作为质量控制的基本原则。

2. 坚持以人为核心

人是质量的创造者,质量控制必须坚持“以人为本”,把人作为控制的动力,调动人的积极性、创造性;增强人的责任感,树立“质量第一”的观念;提高人的素质,避免人的失误;以人的工作质量保工序质量、促工程质量。

3. 坚持以预防为主

“以预防为主”就是要从对质量的事后检查把关,转向对质量的事前控制、事中控制;从对产品质量的检查,转向对工作质量的检查、对工序质量的检查、对中间产品质量的检查,这是确保施工项目质量的有效措施。

4. 坚持质量标准、严格检查,一切用数据说话

质量标准是评价产品质量的尺度,数据是质量控制的基础和依据。产品质量是否符合质量标准,必须通过严格检查,用数据说话。

(三)施工质量控制的措施

1. 对影响质量因素的控制

1)人员的控制

项目施工质量控制中人员的控制,是指对直接参与项目的组织者、指挥者和操作者的有效管理和使用。人作为控制对象,能避免产生失误,作为控制动力,能充分调动人的积极性和发挥人的主观能动性。为达到以工作质量保工序质量、促工程质量的目的,除加强纪律教育、职业道德、专业技术知识培训、健全岗位责任制、改善劳动条件、制定公平合理的奖惩制度外,还需要根据项目特点,从确保质量出发,本着人尽其才,扬长避短的原则优化人的使用。

2)材料及构配件的质量控制

建筑材料品种繁杂,质量及档次相差悬殊,对用于项目实施的主要材料,运到施工现场时必须具备正式的出厂合格证和材质化验单,如不具备或对检验证明有疑问时,应进行补验。检验所有材料出厂合格证时,均须经监理工程师验证,否则一律不准使用。材料质量检验,一般有书面检验、外观检验、理化检验和无损检验四种方法,即通过一系列的检测手段,将所取得的材料质量数据与材料的质量标准相对照,借以判断材料质量的可靠性,能否使用于工程中,同时还有利于掌握材料质量信息。

3)机械设备控制

制定机械化施工方案,应充分发挥机械的效能,力求获得较好的综合经济效益。从保证项目施工质量角度出发,应着重从机械设备的选型、机型设备的主要性能参数和机械设备的使用操作要求三个方面予以控制。机械设备的选择,应本着因地制宜、因工程制宜的原则,按照技术上先进、经济上合理、生产上适用、性能上可靠、使用上安全、操作上轻巧和维修上方便的要求,贯彻执行机械化、半机械化与改良工具相结合的方针,突出机械与施工相结合的方针,机械设备正确地进行操作,是保证项目施工质量的重要环节,应贯彻"人机固定"的原则,实行定机、定人、定岗位责任的"三定"制度。操作人员必须遵守各项规章制度,执行操作规程,防止出现安全质量事故。

4)方案控制

在项目实施方案审批时,必须结合项目实际,从技术、组织、管理、经济等方面进行全面分析、综合考虑,确保方案在技术上可行,在经济上合理,以确保工程质量。

5)施工环境与施工工序控制

施工环境与施工工序是形成施工质量的必要因素,为了把工程质量从事后检查转向事前控制,达到"以预防为主"的目的,必须加强对施工环境与施工工序的质量控制。

2.项目实施阶段的质量

1)事前质量控制

事前质量控制是指在正式施工前进行的质量控制,其控制重点是做好施工准备工作,且施工准备工作要贯穿于施工的全过程。

施工准备的范围:①全场性施工准备,是以整个项目施工现场为对象而进行的各项施工准备。②单位工程施工准备,是以一个建筑物或构筑物为对象而进行的施工准备。③分项(部)工程施工准备,是以单位工程中的一个分项(部)工程为对象而进行的施工准备。④项目开工前的施工准备,是在拟建项目正式开工前所进行的一切施工准备。⑤项目开工后的施工准备,是在拟建项目开工后,每个施工阶段正式开工前所进行的施工准备,如混合结构住宅施工,通常分为基础工程、主体工程和装饰工程等施工阶段,每个阶段的施工内容不同,其所需的物质技术条件、组织要求和现场布置也不同,因此,必须做好相应的施工准备。

施工准备的内容:①技术准备,包括项目扩大初步设计方案的审查;熟悉和审查项目的施工图纸;项目建设地点的自然条件、技术经济条件调查分析;编制项目施工图预算和施工预算;编制项目施工组织设计;等等。②物质准备,包括建筑材料准备、构配件和制品加工准备、施工机具准备、生产工艺设备的准备等。③组织准备,包括建立项目组织机构、集结施工队伍、对施工队伍进行入场教育等。④施工现场准备,包括控制网、水准点、标桩的测量;"五通一平",即通水、通电、通路、通信、通气、平整土地;生产、生活临时设施;组织机具、材料进场;拟定有关试验、试制和技术进步项目计划;编制季节性施工措施;制定施工现场管理制度;等等。

2)事中质量控制

事中质量控制是指在施工过程中进行的质量控制。事中质量控制的策略是全面控制施工过程,重点控制工序质量。其具体措施是:①工序交接有检查;②质量预控有对策;③施工项目有方案;④技术措施有交底;⑤图纸会审有记录;⑥配制材料有试验;⑦隐蔽工程有验收;⑧计量器具校正有复核;⑨设计变更有手续;⑩钢筋代换有制度;⑪质量处理有复查;⑫成品保护有措施;⑬行使质控有否决(如发现质量异常、隐蔽未经验收、质量问题未处理、擅自变更设计图纸、擅自代换或使用不合格材料、无证上岗未经资质审查的操作人员等问题,均应对质量予以否决);⑭质量文件有档案(凡是与质量有关的技术文件,如水准、坐标位置,测量、放线记录,沉降、变形观测记录,图纸会审记录,材料合格证明、试验报告,施工记录,隐蔽工程记录,设计变更记录,调试、试压运行记录,试车运转记录,竣工图,等等都要编目建档)。

3)事后质量控制

事后质量控制是指在完成施工过程中形成产品的质量控制,其具体工作包括以下内容:①组织联动试车。②准备竣工验收资料,组织自检和初步验收。③按规定的质量评定标准和办法,对完成的分项工程、分部工程、单位工程进行质量评定。④组织竣工验收。其标准是,其一,按设计文件规定的内容和合同规定的内容完成施工,使工程质量达到国家质量标准,能满足生产和使用的要求。其二,主要生产工艺设备已安装配套,联动负荷试车合格,形成设计生产能力。其三,竣工验收的建筑物要窗明、地净、水通、灯亮、气来、采暖通风设备运转正常。其四,竣工验收的工程应内净外洁,施工中的残余物料运离现场,灰坑填平,临时建(构)筑物拆除,2 m以内地坪整洁。其五,技术档案资料齐全。

二、施工质量控制的方法与手段

(一)施工质量控制的方法

现场进行质量检查的方法有目测法、实测法和试验法三种。

1. 目测法

目测法的手段可归纳为看、摸、敲、照四个字。

看,是根据质量标准进行外观目测。如墙纸裱糊质量应是:纸面无斑痕、空鼓、气泡、褶皱;每一面墙纸的颜色、花纹一致;斜视无胶痕,纹理无压平、起光现象;对缝无离缝、搭缝、张嘴;对缝处图案、花纹完整;裁纸的一边不能对缝,只能搭接;墙纸只能在阴角处搭接,阳角应采用包角;等等。又如,清水墙面是否洁净,喷涂是否密实和颜色是否均匀,内墙抹灰大面及口角是否平直,地面是否光洁平整,油漆浆活表面观感,施工顺序是否合理,工人操作是否正确,等等,均是通过目测检查、评价。

摸,是手感检查。主要用于装饰工程的某些检查项目,如水刷石、干粘石黏结牢固程度,油漆的光滑度,浆活是否掉粉,地面有无起砂,等等,均可通过手摸加以鉴别。

敲,是运用工具进行音感检查。地面工程、装饰工程中的水磨石、面砖、锦砖、大理石贴面等,均应进行敲击检查,通过声音的虚实确定有无空鼓,还可根据声音的清脆和沉闷判定空鼓是属于面层空鼓或底层空鼓。此外,用手敲玻璃,如发出颤动音响,一般是底灰不满或压条不实。

照,对于难以看到或光线较暗的部位,可采用镜子反射或灯光照射的方法进行检查。

2. 实测法

实测法是通过实测数据与施工规范及质量标准所规定的允许偏差对照,来判别质量是否合格。实测法的检查手段,可归纳为靠、吊、量、套四个字。

靠,是用直尺、塞尺检查墙面、地面、屋面的平整度。

吊,是用托线板以线锤吊线方式检查垂直度。

量,是用测量工具和计量仪表等检查断面尺寸、轴线、标高、湿度、温度等的偏差。

套,是以方尺套方,辅以塞尺检查。如对阴阳角的方正、踢脚线的垂直度、预制构件的方正等项目的检查。对门窗口及构配件的对角线检查,也是套方的特殊手段。

3.试验法

试验法是指必须通过试验手段,才能对质量进行判断的检查方法。如对桩或地基的静载试验,确定其承载力;对钢结构进行稳定性试验,确定是否会产生失稳现象;对钢筋焊接头进行拉力试验,检验焊接的质量;等等。

(二)施工质量控制的手段

施工阶段,监理工程师对工程项目进行质量监控主要是通过审核施工单位所提供的有关文件、报告或报表;现场落实有关文件,并检查确认其执行情况;现场检查和验收施工质量;质量信息的及时反馈;等手段实现的。

审核施工单位有关技术文件、报告或报表是对工程质量进行全面监督、检查与控制的重要途径。审查的具体文件包括:①审批施工单位提交的有关材料、半成品和公平机、构配件质量证明文件(如出厂合格证、质量检验或试验报告等);②审核新材料、新技术、新工艺的现场试验报告以及永久设备的技术性能和质量检验报告;③审核施工单位提交的反映工序施工质量的动态统计资料或管理图表,审核施工单位的质量管理体系文件,包括对分包单位质量控制体系和质量控制措施的审查;④审核施工单位提交的有关工序产品质量的证明文件,包括检验记录及试验报告,工序交接检查(自检)、隐蔽工程检查、分部分项工程质量检验报告等文件、资料;⑤审批有关设计变更、修改设计图纸等;⑥审批有关工程质量缺陷或质量事故的处理报告;⑦审核和签署现场有关质量技术签证、文件等。

现场落实有关文件,并检查确认其执行情况。工程项目在施工阶段形成的许多文件需要得到落实,如多方形成的有关施工处理方案、会议决定,来自质量监督机构的质量监督文件或要求等。施工单位上报的许多文件经监理单位检查确认后,如得不到有效落实,会使工程质量失去控制。因此,监理工程师应认真检查并确认这些文件的执行情况,现场检查和验收施工质量。

三、施工质量五大要素的控制

影响施工项目质量的因素主要有五个方面,即人、材料、机械、方法和环境。事前对这五个方面的因素严加控制,是保证施工项目质量的关键。

(一)人的控制

人的因素主要指操作人员的理论、技术水平,态度,以及人的素质等。施工时,要考虑到对人的因素的控制,因为人是施工过程的主体,工程质量的形成受到所有参加工程项目施工的工程技术干部、操作人员、服务人员共同作用,他们是形成工程质量的主要因素。首先,应增强他们的质量意识。施工人员应当树立五大观念,即质量第一,预控为主,为用户服务,用数据说话以及社会效益、企业效益(质量、成本、工期相结合)、综合效益相结合的观念。其次,是人的素质。领导层、技术人员素质高,决策能力就强,就有较强的质量规划、目标管理、施工组织和技术指导、质量检查的能力;管理制度完善,技术措施得力,工程质量就高。操作人员应有精湛的技术技能、一丝不苟的工作作风,严格执行质量标准和操作规程;服务人员应做好技术和生活服务,以出色的工作质量,间接地保证工程质量。提高人的素质,可以依靠质量教育、精神和物质激励的有机结合,也可以靠培训和优选,进行岗位技术练兵。

(二)材料的控制

材料(包括原材料、成品、半成品、构配件)是工程施工的物质条件,材料质量是工程质量的基础,材料质量不符合要求,工程质量也就不可能符合要求。所以,加强材料的质量控制,是提高工程质量的重要保证。影响材料质量的因素主要是材料的成分、物理性能、化学性能等。材料控制的要点有:①优选采购人员,提高他们的政治素质和质量鉴定水平,挑选那些有一定专业知识,忠于事业的人担任该项工作;②掌握材料质量信息,优选供货厂家;③合理组织材料供应,确保正常施工;④加强材料的检查验收,严把质量关;⑤抓好材料的现场管理,并做到合理使用;⑥搞好材料的试验、检验工作。

据资料统计,建筑工程中材料费用占总投资的70%或更多。正因为如此,一些承包商在拿到工程后为取得更多的利益,不按工程技术规范要求的品种、规格、技术参数等采购相关的成品或半成品,或因采购人员素质低下,对原材料的质量不进行有效控制。还有的企业没有完善的管理机制和约束机制,无法杜绝假冒、伪劣产品及原材料进入工程施工中,给工程留下质量隐患。科学技术的高度发展,为材料的检验提供了科学的方法。国家相关部门在有关施工技术规范中对其进行了详细的介绍,实际施工中只要严格执行,就能确保施工所用材料的质量。

(三)机械的控制

机械的控制包括施工机械设备、工具等控制。要根据不同工艺特点和技术要求,选用合适的机械设备;正确使用、管理和保养好机械设备。为此要健全人机固定制度、操作证制度、岗位责任制度、交接班制度、技术保养制度、安全使用制度、机械设备检查制度等,确保机械设备处于最佳使用状态。

(四)方法的控制

施工过程中的方法包含整个建设周期内所采取的技术方案、工艺流程、组织措施、检测手段、施工组织设计等。施工方案正确与否,直接影响工程质量控制能否顺利实现。施工方案考虑不周就会拖延进度,影响质量,增加投资。所以,在制定和审核施工方案时,必须结合工程实际,从技术、管理、工艺、组织、操作、经济等方面进行全面分析、综合考虑,力求方案技术可行、经济合理、工艺先进、措施得力、操作方便,这样有利于提高质量、加快进度、降低成本。

(五)环境的控制

影响工程质量的环境因素较多,如工程地质、水文、气象、噪声、通风、振动、照明、污染等。环境因素对工程质量的影响具有复杂而多变的特点。往往前一道工序就是后一道工序的环境,前一分项、分部工程也就是后一分项、分部工程的环境。因此,根据工程特点和具体条件,应对影响质量的环境因素,采取有效的措施严加控制。此外,冬雨期、炎热季节、风季施工时,还应针对工程的特点,尤其是混凝土工程、土方工程、水下工程及高空作业等,拟定季节性保证施工质量的有效措施,以免工程质量受到冻害、干裂、冲刷等的危害。同时,要不断改善施工现场的环境,尽可能减少施工对环境的污染,健全施工现场管理制度,实行文明施工。

总而言之,通过科技进步和全面质量管理可提高质量控制水平。为了工程质量,应重视新技术、新工艺的先进性、适用性。在施工的全过程中,要建立符合技术要求的工艺流程质量标准、操作规程,建立严格的考核制度,不断改进和提高施工技术和工艺水平,确保工程质量。建立严密的质量保证体系和质量责任制,各分部、分项工程均要全面实行到位管理,施工队伍要根据自身情况和工程特点及质量通病,确定质量目标和相关内容。

第四节 建筑工程项目质量验收

竣工验收阶段是工程项目建设全过程的终结阶段,当工程项目按设计文件及工程合同的规定内容全部施工完毕后,便可组织验收。通过竣工验收,移交工程项目产品,对项目成果进行总结、评价,交接工程档案资料,进行竣工结算,终止工程施工合同,结束工程项目实施活动及过程,完成工程项目管理的全部任务。

一、建筑工程施工过程的质量验收

工程项目质量验收,应将项目划分为单位(子单位)工程、分部(子分部)工程、分项工程和检验批进行验收。施工过程质量验收主要是指检验批和分项、分部工程的质量验收。

(一)施工过程质量验收的内容

《建筑工程施工质量验收统一标准》与各个专业工程施工质量验收规范,规定了各分项工程的施工质量的基本要求,分项工程、检验批的抽查办法和抽查数量,检验批主控项目、一般项目的检查内容和允许偏差,主控项目、一般项目的检验方法以及各分部工程验收的方法和需要的技术资料,等等。同时,对涉及人民生命财产安全、人身健康、环境保护和公共利益的内容以强制性条文作出了规定,要求必须坚决、严格遵照执行。施工过程的质量验收包括以下验收环节,通过验收后需保留完整的质量验收记录和相关资料,为工程项目竣工质量验收提供依据。

1.检验批质量验收

所谓检验批,是指按同一生产条件或按规定的方式汇总起来供检验用的,由一定数量样本组成的检验体。检验批可根据施工及质量控制和专业验收需要按楼层、施工段、变形缝等进行划分。检验批是工程验收的最小单位,是分项工程乃至整个建筑工程质量验收的基础。

检验批应由专业监理工程师组织施工单位项目专业质量检查员、专业工长等进行验收。检验批质量验收合格应符合下列规定:主控项目的质量经抽样检验均应合格;一般项目的质量经抽样检验合格;具有完整的施工操作依据、质量验收记录。

主控项目是指建筑工程中对安全、节能、环境保护和主要使用功能起决定性作用的检验项目。主控项目的验收必须从严要求,不允许有不符合要求的检验结果,主控项目的检查具有否决权。除主控项目以外的检验项目称为一般项目。

2.分项工程质量验收

分项工程的质量验收应在检验批验收的基础上进行。一般情况下,两者具有相同或相近的性质,只是批量的大小不同而已。分项工程可由一个或若干个检验批组成。分项工程应由专业监理工程师组织施工单位项目专业技术负责人等进行验收。分项工程质量验收合格应符合:①分项工程所含的检验批均应符合合格质量的规定;②分项工程所含的检验批的质量验收记录应完整。

3.分部工程质量验收

分部工程的质量验收在其所含各分项工程验收的基础上进行。

分部工程应由总监理工程师组织施工单位项目负责人和项目技术负责人等进行验收。

勘察、设计单位项目负责人和施工单位技术、质量部门负责人应参加地基与基础分部工程的验收。设计单位项目负责人和施工单位技术、质量部门负责人应参加主体结构、节能分部工程的验收。

分部(子分部)工程质量验收合格应符合:分部(子分部)工程所含分项工程的质量均应验收合格;质量控制资料应完整;有关安全、节能、环境保护和主要使用功能的抽样检测结果应符合相应规定;观感质量验收应符合要求。

必须注意的是,由于分部工程所含的各分项工程性质不同,因此,它并不是在所含分项验收基础上的简单相加,即所含分项验收合格且质量控制资料完整,只是分部工程质量验收的基本条件,还必须在此基础上对涉及安全和使用功能的地基基础、主体结构、有关安全及重要使用功能的安装分部工程进行见证取样试验或抽样检测,而且还需要对其观感质量进行验收,并综合给出质量评价,对于评价为"差"的检查点,应通过返修处理等措施进行补救。

(二)施工过程质量验收不合格的处理

施工过程的质量验收以检验批的施工质量为基本验收单元。检验批质量不合格可能是使用的材料不合格,施工作业质量不合格,或质量控制资料不完整等原因所致,其处理方法有以下几种。①在检验批验收时,发现存在严重缺陷的,应推倒重做;有一般缺陷的,可通过返修或更换器具、设备消除缺陷后重新进行验收。②个别检验批的某些项目或指标(如试块强度等)不满足要求导致难以确定是否验收时,应请有资质的法定检测单位检测鉴定,当鉴定结果能够达到设计要求时,应予以验收。③对检测鉴定达不到设计要求,但经原设计单位核算仍能满足结构安全和使用功能的检验批,可予以验收。④严重质量缺陷或超过检验批范围内的缺陷,经法定检测单位检测鉴定以后,认为不能满足最低限度的安全储备和使用功能的,必须进行加固处理;虽然改变外形尺寸,但能满足安全使用要求时,可按技术处理方案和协商文件进行验收,责任方应承担经济责任。⑤通过返修或加固处理后仍不能满足安全使用要求的分部工程严禁验收。

二、建筑工程竣工质量验收

项目竣工质量验收是施工质量控制的最后一个环节，是对施工过程质量控制成果的全面检验，是从终端把关方面进行质量控制。未经验收或验收不合格的工程，不得交付使用。

(一)竣工验收的相关概念

1. 项目竣工

工程项目竣工是指工程项目经过承建单位的准备和实施活动，已完成了项目承包合同规定的全部内容，并符合发包单位的意图，达到了使用的要求。它标志着工程项目建设任务的全面完成。

2. 竣工验收

工程项目竣工验收是承包人按照施工合同的约定，完成设计文件和施工图纸规定的工程内容，经发包人组织竣工验收及工程移交的过程。竣工验收是工程项目建设环节的最后一道程序，是全面检验工程项目是否符合设计要求和工程质量检验标准的重要环节，也是检查工程承包合同执行情况、促进建设项目交付使用的必然途径。

3. 竣工验收的主体与客体

工程项目竣工验收的主体有交工主体和验收主体两个方面，交工主体是承包人，验收主体是发包人，两者均是竣工验收行为的实施者，是互相依附而存在的。工程项目竣工验收的客体应是设计文件规定、施工合同约定的特定工程对象，即工程项目本身。在竣工验收过程中，应严格规范竣工验收双方主体的行为。对工程项目实行竣工验收制度是确保我国基本建设项目顺利投入使用的法律要求。

(二)竣工质量验收的依据

竣工质量验收的依据主要包括：①国家相关法律法规和建设主管部门颁布的管理条例和办法；②工程施工质量验收统一标准；③专业工程施工质量验收规范；④批准的设计文件、施工图纸及说明书；⑤工程施工承包合同；⑥其他相关文件。

(三)竣工验收的条件

竣工验收的工程项目必须具备规定的交付竣工验收条件，验收条件包括以下内容。

设计文件和合同约定的各项施工内容已经施工完毕,具体来说:①民用建筑工程完工后,承包人按照施工及验收规范和质量检验标准进行自检,不合格品已自行返修或整改,达到验收标准。水、电、暖、设备、智能化、电梯等经过试验,符合使用要求。②工业项目的各种管道设备、电气、空调、仪表、通信等专业施工内容已全部安装结束,已做完清洁、试压、吹扫、油漆、保温等,经过试运转,全部符合工业设备安装施工及验收规范和质量标准的要求。③其他专业工程按照合同的规定和施工图规定的工程内容全部施工完毕,已达到相关专业技术标准,质量验收合格,达到了交工的条件。

有完整并经核定的工程竣工资料,符合验收规定。

有勘察、设计、施工、监理等单位签署确认的工程质量合格文件,勘察、设计、施工、监理单位已按各自的质量责任和义务,签署了工程质量合格文件。

有工程使用的主要建筑材料、构配件、设备进场的证明及试验报告:①现场使用的主要建筑材料(如水泥、钢材、砖、砂、沥青等)应有材质合格证,必须有符合国家标准、规范要求的抽样试验报告;②混凝土预制构件、钢构件、木构件等应有生产单位的出厂合格证;③混凝土、砂浆等施工试验报告,应按施工及验收规范和设计规定的要求取样;④设备进场必须开箱检验,并有出厂质量合格证,检验完毕要如实做好各种进场设备的检查验收记录;⑤有施工单位签署的工程质量保修书。

(四)竣工质量验收的要求

竣工质量验收的要求主要包括:①建筑工程施工质量应符合标准和相关专业验收规范的规定;②建筑工程施工应符合工程勘察、设计文件的要求;③参加工程施工质量验收的各方人员应具备规定的资格;④工程质量的验收均应在施工单位自行检查评定的基础上进行;⑤隐蔽工程在隐蔽前应由施工单位通知有关单位进行验收,并应形成验收文件;⑥涉及结构安全的试块、试件以及有关材料,应按规定进行见证取样检测;⑦检验批的质量应按主控项目和一般项目验收;⑧对涉及结构安全、节能、环境保护和使用功能的重要分部工程,应进行抽样检测;⑨承担见证取样检测及有关结构安全检测的单位应具有相应资质;⑩工程的观感质量应由验收人员进行现场检查,并应共同确认。

(五)竣工质量验收的标准

达到合同约定的工程质量标准:建设工程合同一经签订,即具有法律效力,对发承包双方都具有约束作用。合同约定的质量标准具有强制性,合同的约束作用规范了发承包双方的质量责任和义务，承包人必须确保工程质量达到双方约定的质量标准，不合格不得交付验收和使用。

单位(子单位)工程是工程项目竣工质量验收的基本对象。符合单位(子单位)工程竣工质量验收的合格标准：符合国家标准《建筑工程施工质量验收统一标准》对单位(子单位)工程质量验收合格的规定。

单位(子单位)工程质量验收合格应符合的规定有：①所含分部工程的质量均应验收合格；②质量控制资料应完整；③所含分部工程中有关安全、节能、环境保护和主要使用功能的检验资料应完整；④主要使用功能的抽查结果应符合相关专业验收规范的规定；⑤观感质量应符合要求。

单项工程应达到使用条件或满足生产要求。

建设项目能满足建成投入使用或生产的各项要求，组成建设项目的全部单项工程均已完成，符合交工验收的要求，并应达到以下标准：①生产性工程和辅助公用设施，已按设计要求建成，能满足生产使用；②主要工艺设备配套，设施经试运行合格，形成生产能力，能产出设计文件规定的产品；③必要的设施已按设计要求建成；④生产准备工作能适应投产的需要；⑤其他环保设施、劳动安全卫生、消防系统已按设计要求配套建成。

(六)竣工质量验收的程序

建设工程项目竣工验收，可分为分包工程验收、竣工预验收和单位工程验收三个环节进行。整个验收过程涉及建设单位、勘察单位、设计单位、监理单位及施工总分包各方的工作，必须按照工程项目质量控制系统的职能分工，以建设单位为核心进行竣工验收的组织协调。

1.分包工程验收

单位工程中的分包工程完工后，分包单位应对所承包的工程项目进行自检，并应按标准规定的程序进行验收。验收时，总包单位应派人参加。分包单位应将所分包工程的质量控制资料整理完整，并移交总包单位。

2.竣工预验收

单位工程完工后，施工单位应组织有关人员进行自检。总监理工程师应组织各专业监理工程师对工程质量进行竣工预验收。存在施工质量问题时，应由施工单位整改。整改完毕后，由施工单位向建设单位提交工程竣工报告，申请工程竣工验收。

3.单位工程验收

建设单位收到工程竣工报告后，应由建设单位项目负责人组织监理、施工、设计、勘察等单位项目负责人进行单位工程验收。

(七)竣工验收的备案

我国实行建设工程竣工验收备案制度。新建、扩建和改建的各类房屋建筑工程和市政基础设施工程的竣工验收，均应按《建设工程质量管理条例》的规定进行备案。

建设单位应当自建设工程竣工验收合格之日起15日内，将建设工程竣工验收报告和规划、公安消防、环保等部门出具的认可文件或准许使用文件，报建设行政主管部门或者其他相关部门备案。

备案部门在收到备案文件资料后的15日内，对文件资料进行审查，符合要求的工程，在验收备案表上加盖"竣工验收备案专用章"，并将一份退还建设单位存档。如果审查中发现建设单位在竣工验收过程中，有违反国家有关建设工程质量管理规定的行为，应责令停止使用，重新组织竣工验收。

建设单位有下列行为之一的，责令改正，处以工程合同价款2%以上4%以下的罚款，造成损失的依法承担赔偿责任：①未组织竣工验收，擅自交付使用的；②验收不合格，擅自交付使用的；③对不合格的建设工程按照合格工程验收的。

三、建筑工程竣工资料

工程竣工资料是工程项目承包人按工程档案管理及竣工验收条件的有关规定，在工程施工过程中按时收集、认真整理，竣工验收后移交发包人汇总归档的技术与管理文件，是记录和反映工程项目实施全过程的工程技术与管理活动的档案。在工程项目的使用过程中，竣工资料有着其他任何资料都无法替代的作用。它是建设单位在使用中对工程项目进行维修、加固、改建、扩建的重要依据，也是对工程项目的建设过程进行复查、对建设投资进行审计的重要依据。因此，从工程建设一开始，承包单位就应设专门的资料员按规定及时收集、整理和管理这些档案资料，不得使其丢失和损坏；在工程项目竣工以后，工程承包单位必须按规定向建设单位正式移交这些工程档案资料。

(一)竣工资料的内容

工程竣工资料必须真实记录和反映项目管理全过程的实际，它的内容必须齐全、完整。工程竣工资料的内容应包括工程施工技术资料、工程质量保证资料、工程检验评定资料、竣工图和规定的其他应交资料。

1.工程施工技术资料

工程施工技术资料是建设工程施工全过程的真实记录,是在施工全过程的各环节客观产生的工程施工技术文件,其主要内容包括:工程开工报告(包括复工报告);项目经理部及人员名单、聘任文件;施工组织设计(施工方案);图纸会审记录(纪要);技术交底记录;设计变更通知;技术核定单;地质勘查报告;工程定位测量资料及复核记录;基槽开挖测量资料;地基钎探记录和钎探平面布置图;验槽记录和地基处理记录;桩基施工记录;试桩记录和补桩记录;沉降观测记录;防水工程抗渗试验记录;混凝土浇灌令;商品混凝土供应记录;工程复核抄测记录;工程质量事故报告;工程质量事故处理记录;施工日志;建设工程施工合同及补充协议;工程竣工报告;工程竣工验收报告;工程质量保修书;工程预(结)算书;竣工项目一览表;施工项目总结。

2.工程质量保证资料

工程质量保证资料是建设工程施工全过程中全面反映工程质量控制和保证的依据性证明资料,应包括原材料、构配件、器具及设备等的质量证明、合格证明、进场材料试验报告等。各专业工程质量保证资料的主要内容如下。

土建工程主要质量保证资料:钢材出厂合格证、试验报告;焊接试(检)验报告、焊条(剂)出厂合格证;水泥出厂合格证或试验报告;砖出厂合格证或试验报告;防水材料出厂合格证或试验报告;构件出厂合格证;混凝土试块试验报告;砂浆试块试验报告;土壤试验、打(试)桩记录;地基验槽记录;结构吊装、结构验收记录;隐蔽工程验收记录;中间交接验收记录;等等。

建筑采暖卫生与煤气工程主要质量保证资料:①材料、设备出厂合格证;②管道、设备强度、焊口检查和严密性试验记录;③系统清洗记录;④排水管灌水、通水、通球试验记录;⑤卫生洁具盛水试验记录;⑥锅炉、烘炉、煮炉设备试运转记录;等等。

建筑电气安装主要质量保证资料:①主要电气设备、材料出厂合格证;②电气设备试验、调整记录;③绝缘、接地电阻测试记录;④隐蔽工程验收记录;等等。

通风与空调工程主要质量保证资料:①材料、设备出厂合格证;②空调调试报告;③制冷系统检验、试验记录;④隐蔽工程验收记录;等等。

电梯安装工程主要质量保证资料:①电梯及附件、材料出厂合格证;②绝缘、接地电阻测试记录;③空、满、超载运行记录;④调整试验报告;等等。

建筑智能化工程主要质量保证资料:①材料、设备出厂合格证、试验报告;

②隐蔽工程验收记录;③系统功能与设备调试记录。

工程检验评定资料:工程检验评定资料是建设工程施工全过程中按照国家现行工程质量检验标准,对工程项目进行单位工程、分部工程、分项工程的划分,再由分项工程、分部工程、单位工程逐级对工程质量做出综合评定的资料。

工程检验评定资料的主要内容有:①施工现场质量管理检查记录;②检验批质量验收记录;③分项工程质量验收记录;④分部(子分部)工程质量验收记录;⑤单位(子单位)工程质量竣工验收记录;⑥单位(子单位)工程质量控制资料核查记录;⑦单位(子单位)工程安全和功能检验资料核查及主要功能抽查记录;⑧单位(子单位)工程观感质量检查记录;等等。

竣工图:竣工图是真实地反映建设工程竣工后实际成果的重要技术资料,是建设工程进行竣工验收的备案资料,也是建设工程进行维修、改建、扩建的主要依据。

工程竣工后,有关单位应及时编制竣工图,工程竣工图应逐张加盖“竣工图”章。“竣工图”章的内容应包括发包人、承包人、监理人等单位名称,图纸编号,编制人,审核人,负责人,编制时间,等等。具体情况如下:①没有变更的施工图,可由承包人(包括总包和分包)在原施工图上加盖“竣工图”章标志,即作为竣工图;②在施工中虽有一般性设计变更,但能将原施工图加以修改补充作为竣工图的,可不再重新绘制,由承包人负责在原施工图(必须是新蓝图)上注明修改的部分,并附设计变更通知和施工说明,加盖“竣工图”章标志后可作为竣工图;③工程项目结构形式改变、工艺改变、平面布置改变、项目改变及其他重大改变,不宜在原施工图上修改、补充的,由责任单位重新绘制改变后的竣工图。承包人负责在新图上加盖“竣工图”章标志作为竣工图。变更责任单位如果是设计人,由设计人负责重新绘制;责任单位是承包人,由承包人重新绘制;责任单位若是发包人,则由发包人自行绘制或委托设计人绘制。

规定的其他应交资料:①施工合同约定的其他应交资料;②地方行政法规、技术标准已有规定的应交资料;等等。

(二)竣工资料的收集整理

工程项目的承包人应按竣工验收条件的有关规定,建立健全资料管理制度,要设置专人负责,认真收集和整理工程竣工资料。

1.竣工资料的收集整理要求

工程竣工资料必须真实反映工程项目建设全过程,资料的形成应符合其规律性和完整性,填写时应做到字迹清楚,数据准确,签字手续完备、齐全可靠。

对于工程竣工资料的收集和整理,应建立制度,根据专业分工的原则实行科学收集、定向移交、归口管理,要做到竣工资料不损坏、不变质和不丢失,组卷时符合规定。

工程竣工资料应随施工进度进行及时收集和整理,发现问题后及时处理、整改。

整理工程竣工资料的依据:①国家有关法律法规、规范对工程档案和竣工资料的规定;②现行建设工程施工及验收规范和质量评定标准对资料内容的要求;③国家和地方档案管理部门和工程竣工备案部门对工程竣工资料移交的规定。

2.竣工资料的分类组卷

一般单位工程,文件资料不多时,可将文字资料与图纸资料组成若干盒,分六个案卷,即立项文件卷、设计文件卷、施工文件卷、竣工文件卷、声像材料卷、竣工图卷。

综合性大型工程,文件资料比较多,则各部分可根据需要组成一卷或多卷。

文件材料和图纸材料原则上不能混装在一个装具内,文件材料较少、需装在一个装具内时,必须用软卷皮装订,图纸不装订,然后装入硬档案盒内。

卷内文件材料排列顺序要依据卷内的材料构成而定,一般顺序为封面、目录、文件材料部分、备考表、封底,组成的案卷力求美观、整齐。

填写目录应与卷内材料内容相符。编写页号以独立卷为单位,单面书写的文字材料页号编在右下角,双面书写的文字材料页号,正面编写在右下角,背面编写在左下角,图纸一律编写在右下角,按卷内文件排列先后用阿拉伯数字从“1”开始依次标注。

图纸折叠方式采用图面朝里、图签外露(右下角)的国标技术制图复制折叠方法。

案卷采用中华人民共和国国家标准,装具一律用国标制定的硬壳卷夹或卷盒,外装尺寸为300 mm(高)×220 mm(宽),卷盒厚度尺寸分别为60 mm、50 mm、40 mm、30 mm、20 mm五种。

(三)竣工资料的移交验收

交付竣工验收的工程项目必须有与竣工资料目录相符的分类组卷档案,工程项目的交工主体即承包人在建设工程竣工验收后,一方面要把完整的工程项目实体移交给发包人,另一方面要把全部应移交的竣工资料交给发包人。

1.竣工资料的归档范围

凡是列入归档范围的竣工资料,承包人都必须按规定将自己责任范围内的竣工资料按分类组卷的要求移交给发包人,发包人对竣工资料验收合格后,将全部竣工资料整理汇总,按规定向档案主管部门移交备案。

2.竣工资料的交接要求

总包人必须对竣工资料的质量负全面责任,对各分包人做到"开工前有交底,施工中有检查,竣工时有预检",确保竣工资料达到一次性交验合格。总包人根据总分包合同的约定,负责对分包人的竣工资料进行中检和预检,有整改的待整改完成后再进行整理汇总,一并移交发包人。承包人根据建设工程施工合同的约定,在建设工程竣工验收后,按规定和约定的时间,将全部应移交的竣工资料交给发包人,并应符合城建档案管理的要求。

3.竣工资料的移交验收

竣工资料的移交验收是工程项目交付竣工验收的重要内容。发包人接到竣工资料后,应根据竣工资料移交验收办法和国家及地方有关标准的规定,组织有关单位的项目负责人、技术负责人对资料的质量进行检查,验证手续是否完备、应移交的资料项目是否齐全,所有资料符合要求后,发、承包双方按编制的移交清单签字、盖章,按资料归档要求双方交接,竣工资料交接验收完成。

第三章 建筑结构的检测与加固技术

第一节 建筑结构损伤原因分析

一、钢筋混凝土结构损伤原因

由于钢筋混凝土结构合理地利用了钢筋的抗拉强度和混凝土的抗压强度，同时具有良好的耐久性、整体性、耐火性、可模性，还可以就地取材，因此钢筋混凝土是目前应用最广泛的一种结构之一。我国的房屋建筑结构仍以钢筋混凝土结构为主。

在设计、施工和使用中，由于种种原因，钢筋混凝土结构会产生各种质量问题。在设计时，荷载计算错误、计算简图选取错误或构造设计错误，都会造成工程质量事故。施工时，原材料选用不合理，配合比控制不严，运输、浇灌、振捣和养护不按规范施工，也会导致混凝土产生各类缺陷。对于旧建筑物，随着使用年限的增长，结构构件日趋老化，再加上使用、维护不当，原有的各种缺陷和隐患会暴露得更明显。有些旧建筑物，原先在浇筑混凝土时，掺入了对钢筋有害的外加剂，外加剂在钢筋混凝土中缓慢地发生各种化学和物理的变化，造成钢筋锈蚀、混凝土损坏。在工业建筑物或构筑物的混凝土结构中，由于常年受到各种有害气体或多种腐蚀介质的侵蚀，混凝土结构或构件受到损害。另外，工业建筑中生产工艺的改变，荷载的增加，民用建筑用途的变更，都会使原结构受到损伤。这些结构在遭受地震、火灾、爆炸等突发灾害时，更易受到损伤。

根据引起钢筋混凝土品质劣化的主导因素和作用机理，钢筋混凝土结构损伤原因通常主要集中在以下几个方面：混凝土中钢筋的锈蚀、混凝土碳化破坏、铁离子侵入破坏、化学介质（如酸、碱盐等）侵蚀破坏、碱骨料反应及冻融破坏等。

完好的混凝土保护层在没有腐蚀介质的情况下，具有防止钢筋锈蚀的保护作用。这是因为混凝土中水泥水化产物的pH值大于12.5。在如此强的碱性环境中，钢筋表面形成水化氧化物钝化膜，该钝化膜可以阻止钢筋锈蚀的发生。但随着混凝土碳化或氯离子的侵入，钢筋表面的钝化膜会遭到破坏。当钢筋表面钝化膜被破坏后，在潮湿环境下，带有二氧化碳、氧气或氯离子的溶液渗入并充斥钢筋周围的混凝土微孔，这样就在钢筋周围形成电解质，使钢筋锈蚀的电化学反应开始出现。

随着钢筋锈蚀的发展，一方面钢筋截面积逐渐减小，钢筋和混凝土间黏结力逐渐丧失，导致承载力下降；另一方面钢筋锈蚀膨胀引起混凝土保护层胀裂、剥落，钢筋锈蚀会进一步加速，最终造成结构构件破坏。

(一)氯离子侵入破坏

氯离子是钢筋混凝土结构在使用寿命期间最危险的侵蚀介质。侵入混凝土中的氯离子主要有两个来源，一是“内掺”，即拌制混凝土时由材料带入的氯盐。如由拌和用水、化学外加剂、水泥及矿物掺合料、骨料(海砂)等原材料带进的氯盐。

混凝土结构中“内掺”氯盐，一般可以通过对原材料的选择加以控制。“外渗”氯盐从混凝土表面通过扩散、渗透、对流、毛细管吸收等方式侵入混凝土内部，一部分通过与水泥胶凝材料发生化学固化作用和物理吸附作用，以结合氯离子的形式存在，它对钢筋锈蚀不产生作用；另一部分则以自由氯离子的形式存在于混凝土孔隙溶液中，只要这部分自由氯离子含量达到阈值，钢筋表面钝化膜就会遭到破坏。随着氯离子的进一步侵入，在水和空气的作用下，钢筋锈蚀程度加剧，引起混凝土保护层开裂甚至剥离，就会使混凝土结构承载能力大大降低。自由氯离子对钢筋锈蚀的作用机理主要有以下3个方面。

1.破坏钝化膜

正常状态下，混凝土中钢筋很难发生锈蚀，这是因为水泥水化的高碱性使混凝土内钢筋表面产生一层致密的钝化膜，从而使混凝土中钢筋处于钝态不被锈蚀。氯离子是极强的去钝化剂，它侵入混凝土到达钢筋表面并积累至一定浓度时，可以破坏钢筋表面的钝化膜。关于氯离子的去钝化机理，目前有两种理论：一是认为氯离子易渗入钝化膜(氧化膜理论)，二是认为氯离子优先于氧气和氢氧根离子被钢吸附(吸附理论)。

2.形成腐蚀电池

氯离子对钢筋表面钝化膜的破坏发生在局部，致使钢筋在这些部分露出了铁基体，与尚未完好的钢筋钝化膜区域形成电位差；大面积完好钝化膜区域为阴极，而局部钝化膜破坏区域为阳极，这种特定的阴极和阳极就构成了腐蚀电池。

腐蚀电池作用导致在钢筋表面产生蚀坑,并且蚀坑发展十分迅速。

3. 去极化作用

氯离子不仅破坏了钢筋表面钝化膜,促使了钢筋表面腐蚀电池的形成,还加速了半电池的作用。当氯离子存在时,它会和氢氧根离子争夺产生的Fe^{2+}形成$FeCl_2 \cdot 4H_2O$,$FeCl_2 \cdot 4H_2O$从钢筋阳极向含氧量较高的混凝土孔隙迁移,水解为$Fe(OH)_2$沉淀于阳极周围,同时释放出H^+和Cl^-离子,它们又回到阳极区,使阳极附近的孔隙溶液局部酸化,Cl^-再带出更多的Fe^{2+}。这样,氯离子虽然不构成腐蚀产物,在腐蚀中也不消耗,但它会将阳极产物及时搬运走,使阳极过程顺利进行甚至加速进行。也就是说,凡是进入混凝土中的氯离子就会周而复始地起着破坏作用,这也是氯离子危害的特点之一。

(二)化学介质侵蚀破坏

混凝土在侵蚀性的环境中,可能遭受酸、碱、盐等化学物质的侵蚀。这些物质侵入混凝土中,与混凝土的某些水化产物产生化学反应,有的生成易溶或没有胶凝性能的产物,有的生成膨胀性的产物。前者称为溶解性侵蚀,后者称为膨胀性侵蚀。

1. 酸侵蚀

混凝土是碱性材料,当环境水的pH值小于6.5时,就会对混凝土产生酸侵蚀。如因环境污染形成的酸雨,一些回填场地、矿山作业区、尾矿堆场也可能形成酸性地下水,以及食品、化工、肥料等工矿企业的原材料、废料或产品中的酸性物质也会对混凝土结构造成严重破坏。混凝土的酸侵蚀可分为碳酸、氢硫酸等弱酸侵蚀和盐酸、硝酸、硫酸等强酸侵蚀。

2. 碱类侵蚀

固体碱如碱块、碱粉等对混凝土无明显的作用,而熔融状碱或碱的浓溶液对混凝土有侵蚀作用。碱(如NaOH、KOH)对混凝土的侵蚀作用主要包括化学侵蚀和结晶侵蚀。

3. 硫酸盐侵蚀

水泥混凝土硫酸盐侵蚀破坏的实质是环境中的硫酸根离子进入混凝土内部,与水泥石中的一些组分发生化学反应,生成一些难溶的盐类矿物。这些难溶的盐类矿物一方面可形成钙矾石、石膏等膨胀性产物,当膨胀应力达到一定程度时就会造成混凝土开裂、剥落;另一方面也可使硬化水泥石中的氢氧化钙和水化硅酸钙凝胶等组分溶出、分解,导致水泥石强度和黏结性能丧失。

二、砌体结构损伤原因

砌体结构在我国的应用历史悠久,是目前应用量最大的结构类型之一。砌体结构的优点很多,如易于就地取材、价格便宜、施工方便,有很好的耐火性和较好的耐久性,保温、隔热性能都比较好,等等,但它也存在一些不足之处,如砌体结构的强度低,砂浆和砌块强度差异大,施工质量、砌筑工人技术水平对砌体结构的强度影响较大。另外,由于其抗拉、抗弯、抗剪强度低,因此砌体结构的整体性、抗震性能差,也易于产生各种裂缝,在长期使用过程中会发生不同程度的损伤和破坏。常见的砌体结构损伤有如下几类:温度裂缝、地基不均匀沉降、承载力不足或超载、砌体错位变形、地震破坏、材料不合格、施工质量低劣及人为损坏等。

(一)温度裂缝

砌体结构一般由砖砌体及钢筋混凝土两种材料组成,如在住宅建筑中的砌体结构。尤其在以砌体为承重和围护结构、楼板采用钢筋混凝土的混合结构房屋中占重要位置。钢筋混凝土的线膨胀系数为10×10^{-6}(℃)$^{-1}$,砖砌体的线膨胀系数为5×10^{-6}(℃)$^{-1}$,前者是后者的2倍。钢筋混凝土和砖砌体在温度线膨胀系数方面的巨大差异必然导致钢筋混凝土屋面与砖砌筑的墙体在变形上有较大的差异。当建筑物一部分结构发生变形,而另一部分受到约束时,就会在结构内部产生应力。特别是在炎热的夏季,将可能存在较大的室内外温差。砌体结构顶层受温度影响较大。

当温度升高时,由于钢筋混凝土温度变形大,砖砌体温度变形小,砖砌体阻碍屋盖或楼盖的伸长,屋面板与圈梁一起变形。必然在屋盖或楼盖中引起压应力和剪应力。同时对墙体产生一个水平推力,在墙体内便产生了拉应力和剪应力。这种应力越靠近房屋两端越大,并在门窗洞口的角部产生应力集中。由于砖砌体的抗拉强度较低,一旦温度变形产生的主拉应力超过墙体的极限抗拉强度,将在结构顶层两端墙体及门窗洞口上、下角处产生裂缝。夏季施工的房屋较易出现这种裂缝。

反之,当温度降低或钢筋混凝土收缩时,将在砖墙中引起压应力和剪应力,在屋盖或楼盖中引起拉应力和剪应力。当主拉应力超过混凝土的极限抗拉强度时,在屋盖或楼盖中将出现裂缝。采用钢筋混凝土屋盖的混合结构房屋的顶层墙体常出现裂缝,如内外纵墙和横墙的八字形裂缝、沿屋盖支撑面的水平裂缝和包角裂缝,以及女儿墙裂缝。这种裂缝多呈对称状出现在平屋顶建筑物顶层内外纵(横)墙墙身两端。

(二)地基不均匀沉降

地基不均匀沉降是建筑工程常见的问题。地基不均匀沉降对建筑工程的危害有建筑物发生倾斜、建筑物下沉严重、建筑物墙体开裂等。地基不均匀沉降会使上部结构(墙体及楼板)产生附加应力,当不均匀沉降超过建筑物承受的限度时,将会造成墙体及楼面开裂,甚至使建筑物整体倾斜,影响建筑物的使用功能和结构安全。

造成地基不均匀沉降的因素有很多,如建筑物基础位于软土地基上,土层厚度变化大,建筑物立面高度差异太大,建筑物平面形状复杂,建筑物过长,荷载差异过大,等等。这些均可造成地基中某些部位的附加应力重叠,致使地基基础产生不均匀沉降。通常多层房屋中下部的沉降裂缝较上部的裂缝大,有时甚至在底层也可能出现裂缝。

当建筑物位于软土地基上时,因为窗台下的荷载小,其基础沉降量比窗间墙下基础沉降量要小,所以导致窗台墙产生反向弯曲而开裂。这种情况常出现在底层大窗台下方。

若房屋的一端沉降大(如一端建在软土地基上),将导致房屋一端出现一条或数条呈15°的阶梯形斜裂缝。若中部沉降比两端沉降大(如房屋中部处于软土地基上),整个房屋犹如一根两端支承的梁,导致房屋纵墙中部底边受拉而出现呈正八字形、下宽上窄的斜裂缝。对于不等高房屋,上部结构施加给地基的荷载不同,若地基未作适当处理,沉降量不均匀,将导致在层数变化的窗间墙出现45°斜裂缝。

(三)承载力不足或受荷超载

当砌体结构承载力不足或受荷超载时,通常会产生裂缝,一般均直接影响结构安全。砌体结构承载力不足或受荷超载的原因有很多。从设计方面来看,对承担的荷载考虑不周,设计截面太小,承载力不够。从施工方面来看,水泥、砖、砂等砌筑材料不合格,砂浆配比不准确,砂浆强度达不到设计要求;施工质量差,灰缝不均匀,砂浆饱满度严重不足,组砌不合理,漏放构造钢筋;内外墙不同时砌筑,又不留踏步式接茬;不放拉接钢筋,施工时砖没有浸水,造成砌体承载力降低。从结构方面来看,水、电、暖、卫等设备在墙体上预留洞留槽会过多地削弱墙截面,有的没有设置纵横墙拉结筋。从使用方面来看,如使用单位任意吊挂重物，或任意改变使用性质，增加荷载，或者随意开凿洞，削减了砌体的横截面面积等。

当砌体结构承载力不足或受荷超载时，在中心受压或小偏心受压的砖墙和砖柱上会出现竖向裂缝，也会在基础、高厚比较大的柱、窗间墙上出现裂缝，裂缝通常顺压力方向产生。当砖墙或砖柱大偏心受压时，可能出现水平裂缝。对承载大梁的砖柱或砖墙，当梁底部没有设置垫块或设置垫块面积不够时，在梁底部的砌体上易发生竖向的局部受压裂缝。

(四)砌体错位变形

砌体结构房屋的墙柱是受压构件，除了应满足承载力要求外，还必须保证其稳定性。如果砌体墙、柱高厚比过大、稳定性差，将会导致使用阶段失稳变形。施工时墙体出现竖向偏斜，使用后受力会增加变形，甚至产生错动。如施工顺序不当，纵横墙不同时咬槎砌筑，就会导致新砌体墙平面外变形失稳；而施工工艺不当，如灰砂砖砌筑，就会导致砌筑时失稳。

三、钢结构损伤原因

钢结构是指钢板和热轧、冷弯或焊接型材通过连接件连接而成的能承受和传递荷载的结构形式。与混凝土结构相比，钢结构具有自重轻、强度高、塑性及韧性好、抗震性能好、工业化装配程度高、可靠性高、投资回收快和环境污染小等优点，是一种具有较大优势的建筑结构，深受建筑师和结构工程师的喜爱。随着我国改革开放进程的加快和钢材质量、产量的提高，以及材料科学、计算与设计方法、连接技术、制作与安装技术的发展，钢结构在工业厂房、大跨度空间结构、高层建筑结构、轻型钢结构、高耸结构、桥梁结构和住宅钢结构等方面得到越来越广泛的应用。

在钢结构应用发展的同时，国内外都曾发生过许多钢结构工程事故，特别是一些重大钢结构工程事故，造成了严重人员伤亡和经济损失，因此，随着钢结构工程的快速发展，对已有钢结构建筑物进行定期检测鉴定、可靠性评定变得越来越重要，对预防钢结构损伤乃至倒塌破坏，保障钢结构建(构)筑物安全使用具有重要意义。

(一)钢结构特点

1.轻质高强、构件截面小和结构空间大

与混凝土、砌体等其他建筑材料相比，钢材具有抗拉(压)、抗剪强度和弹性模量高等特点;在相同荷载条件下,简支钢屋架重量为相同跨度钢筋混凝土屋架的1/4~1/3,若采用冷弯薄壁型钢屋架则更轻,接近相同跨度钢筋混凝土屋架的1/10。

鉴于钢材强度高,构件截面小,自重轻,在结构中所占空间较小,增加了使用面积,在相同荷载条件下,钢筋混凝土梁高通常取跨度的1/10~1/8,而钢梁则为1/16~1/12。如果对钢梁施加较强的侧向支撑,可达到跨度的1/20,有效地增加了钢结构建筑层间净高。在相同梁高条件下,钢结构开间可比钢筋混凝土结构开间大约50%,使得室内视野开阔。由于钢筋混凝土梁不宜开洞,建筑管道一般从梁下通过,占用一定的空间,若采用钢结构,可在梁腹板上开洞穿越管道,节约空间。此外,与钢筋混凝土结构相比,在楼层净高相同的条件下,钢结构楼层高度较小,可减小墙体高度,减少房屋维护和使用费用。

2.材质均匀,塑性、韧性及抗震性好

钢材具有良好的塑性,使得钢结构在偶然超载或局部超载下不会发生突然断裂破坏;钢材韧性好,使得钢结构能够适应振动荷载;由于钢结构自重轻,显著减小了地震作用,其具有较好的抗震性,通常是地震中损坏最少的结构形式。

3.制作简单,施工方便

钢结构材料加工比较简单,宜使用机械操作,工业化生产程度高,使钢结构构件能在工厂加工制作,精度高,质量稳定。与其他材料构件的连接相比,钢结构构件采用焊接连接或螺栓连接,施工较为灵活、方便,能够缩短施工周期,提高经济效益。由于钢结构构件易于加固、改建和拆迁,可以反复利用,有利于保护环境和节约资源。

4.绿色建筑材料

与传统混凝土结构和砌体结构相比,钢结构施工方式为干式施工,可避免混凝土和砌体结构湿式施工造成的环境污染;钢结构材料可利用夜间交通顺畅期间运送,不影响城区白天交通,噪声小。

(二)钢结构稳定性破坏

稳定性问题一直是钢结构设计的关键性问题,其分为整体稳定性和局部稳定性。整体稳定性是指结构在抵抗侧向作用下产生倾覆或过大变形及振动;局部稳定性主要是针对构件而言,其失稳后果虽然没有整体失稳严重,但也应引起足够重视。

引起整体失稳的原因有以下几个方面。

设计错误:设计错误主要与设计人员水平有关,如设计人员缺乏稳定概念,稳定验算公式错误;只验算基本构件稳定,忽视整体结构稳定验算;计算简图及支座约束与实际受力不符,设计安全储备过小等。

制作缺陷:构件初弯曲、初偏心、热轧冷加工及焊接产生的残余变形等。

临时支撑不足:钢结构在安装过程中,在尚未完全形成整体结构前,属于几何可变体系,结构稳定性很差,因此,必须设置足够的临时支撑体系来维持安装过程中的整体稳定性。若临时支撑设置不合理或者数量不足,轻则会使部分构件丧失稳定性,重则造成整个结构在施工过程中倒塌或倾覆。

引起局部失稳的原因有以下几个方面。

设计错误:设计人员忽视甚至不进行构件局部稳定验算,或者验算方法错误,导致组成构件各类板件宽厚比大于规范值。

构造不当:在实际工程中,构件局部受集中力较大部位未设置构造加劲肋或加劲肋数量不足;未设置防止构件使用过程中变形的横隔;加劲肋等工艺处理不当等。

构件原始缺陷:钢材负公差严重超规,制作过程中焊接工艺产生局部鼓包和波浪变形等。

(三)钢结构疲劳破坏

在反复荷载作用下,钢结构或钢构件在应力远低于极限抗拉强度甚至低于屈服点的情况下发生的一种突然性断裂破坏,称为疲劳破坏。

疲劳破坏是钢结构在反复交变动荷载下发生的破坏,具有脆性断裂破坏的特征。与一般脆性断裂破坏不同,疲劳破坏一般从裂纹缓慢开展到最后可经历长期的荷载循环,裂纹扩展缓慢,断裂面扩展区由于两边反复张合撞击而变成颗粒状断口,虽然破坏历时较长,但最后的破坏是突然性的。疲劳破坏经历了裂缝起始、扩展和断裂的过程,而脆性断裂破坏往往是在无任何先兆的情况下发生的。引起疲劳破坏的原因有以下几个方面。

应力集中:影响疲劳破坏的主要因素是应力集中,产生应力集中的原因极为复杂。钢结构和钢构件在截面突然改变处都会产生应力集中,如梁与柱的连接节点、柱脚、梁和柱的变截面处,截面钻孔等削弱处,冷加工产生的微裂纹及螺栓孔处,对于焊接结构、焊缝外形及其缺陷处等,在交变应力作用下,微观裂纹逐渐发展到宏观裂纹以致产生裂缝,当循环荷载达到一定次数时,不断削弱的危险截面就可能发生疲劳破坏。

应力幅:应力幅为每次荷载循环中最大拉应力与最小拉应力或压应力的差

值。工程实践表明,应力幅与疲劳强度密切相关。在不同应力幅作用下,各类构件和连接产生疲劳破坏的应力循环次数不同。应力幅越大,构件承受的循环次数越少;当应力幅小于一定数值时,即使应力无限次循环,也不会产生疲劳破坏。

腐蚀性介质:在有腐蚀性介质的环境中,疲劳裂纹扩展的速率会受到不利的影响。腐蚀性介质作用会导致构件小裂纹随着时间的延长而扩展,显然会损害构件的疲劳寿命,且腐蚀对长寿命疲劳的影响比对短寿命疲劳要严重,原因是长寿命疲劳要经过一定的时间才能产生,而短寿命疲劳则是很快就能完成的。

第二节 建筑结构现场检测技术

一、建筑结构现场检测程序

(一)接受委托

建筑结构现场检测工作可接受单方委托,存在质量争议的工程质量检测宜由当事各方共同委托。

(二)初步调查

应以明确委托方的检测要求和制定有针对性的检测方案为目的,可采取踏勘现场、搜集和分析资料及询问有关人员等方法。其工作内容主要包括:①搜集被检测建筑结构的设计图纸、设计变更、施工记录、施工验收和工程地质勘查等资料;②调查被检测建筑结构现状缺陷、环境条件、使用期间的加固与维修情况和用途与荷载等变更情况;③对有关人员进行调查等。

(三)制定检测方案

建筑结构现场检测前应制定完备的检测方案。检测方案主要包括工程结构概况、检测目的、检测依据、检测范围、检测方式及检测进度计划等方面的内容。

(四)现场检测

建筑结构现场检测应根据检测类别、检测目的、检测项目、结构实际状况和现场具体条件选择下列适用的检测方法。当选用有相应标准的检测方法时,对于通用的检测项目,应选用国家标准或行业标准;对于有地区特点的检测项目,可选用地方标准。当选用有关规范、标准规定或建议的检测方法时,若无相应的检测标准,检测单位应有相应的检测细则。当采用扩大相应检测标准适用范围的检测方法时，所检测项目的目的与相应检测标准相同。

应采取有效的措施，消除因检测对象性质差异而产生的检测误差。当采用检测单位自行开发或引进的检测仪器或检测方法时，该检测仪器或检测方法必须通过相关技术鉴定，并具有一定的工程检验实践经验。

总的来说，建筑结构现场检测方法可分为非破损检测方法和局部破损检测方法。非破损检测方法是指在检测过程中，对结构的既有性能没有影响的检测方法；局部破损检测方法是指在检测过程中，对结构既有性能有局部或暂时的影响，但可修复的检测方法。现场检测宜选用对结构或构件无损伤的检测方法。当选用局部破损检测方法时，宜选择结构构件受力较小的部位，并不得损害结构的安全性。

建筑结构现场检测的测区或取样位置应布置在无缺陷、无损伤且具有代表性的部位。现场检测获取的数据或信息，当采用人工记录时，宜用专用表格记录；当采用仪器自动记录时，数据应妥善保存；当采用图像信息记录时，应标明获取信息的时间和位置。

检测过程中，当发现检测数据数量不足或检测数据出现异常情况时，应进行复检或补充检测。建筑结构现场检测工作结束后，应及时提出针对因检测造成的结构或构件局部损伤的修补建议。

（五）计算分析及结果评价

检测完成后，应进行结构或构件的验算。验算应根据实测的数据（如材料强度、构件尺寸等）进行。验算内容应包括结构或构件的承载能力是否大于荷载效应，沉降、挠度、裂缝宽度是否大于规范允许值，墙、柱稳定性是否满足规范规定等。

（六）完成检测报告

检测机构应向委托方以检测报告的形式提供真实的检测数据、准确的检测结果和明确的检测结论，并能为建筑结构的鉴定提供可靠的依据。建筑结构检测报告一般应包括以下内容：①委托单位名称；②建筑工程概况，包括工程名称、结构类型、规模、施工日期及现状等；③设计单位、施工单位及监理单位名称；④检测原因、检测目的及以往相关检测情况概述；⑤检测项目、检测方法及依据的标准；⑥检验方式、抽样方案、抽样方法、检测数量与检测的位置；⑦检测项目的主要分类检测数据和汇总结果，检测结果，检测结论；⑧检测日期，报告完成日期；⑨主检人员、审核人员和批准人员的签名，以及检测机构的有效印章。

二、建筑结构现场检测技术

(一)钢筋混凝土结构现场检测技术

钢筋混凝土结构现场检测是对混凝土结构实体实施的原位检验、检查、识别和从混凝土结构实体取样及对该样品进行的测试、分析,一般包括工程质量检测和结构性能检测两大方面。

钢筋混凝土结构现场检测项目应依据委托方提出的检测目的合理确定,可根据实际需要选择下列一项或多项进行检测:混凝土力学性能检测、混凝土长期性能和耐久性能检测、混凝土有害物质含量及其效应检测、构件尺寸及其偏差检测、构件缺陷检查与检测、构件中钢筋的检测、构件损伤的识别与检测、结构或构件剩余使用寿命检测推定、结构或构件位移与变形的检测、结构性能荷载检验以及其他特种参数的专项检测等。以上检测项目我国均颁布有相关检测技术标准。

本书基于建筑结构现场检测的基本要求,分别阐述混凝土抗压强度检测技术、混凝土长期性能和耐久性能检测技术等内容。

1.混凝土抗压强度检测技术

混凝土抗压强度可采用回弹法、超声回弹综合法、后装拔出法、后锚固法等间接法进行现场检测;当具备钻芯法检测条件时,宜采用钻芯法对间接法检测结果进行修正或验证。

(1)回弹法

目前,回弹法是钢筋混凝土结构检测中最常用的一种非破损检测方法。回弹仪是用一弹簧驱动的重锤,通过弹击杆(传力杆)弹击混凝土表面,测出重锤被反弹回来的距离。由于回弹值与混凝土的表面硬度具有一致的变化关系,因此可根据回弹值与抗压强度的相关关系,推算出混凝土的极限抗压强度。

采用回弹仪对结构构件混凝土抗压强度进行检测时,对单个结构构件采用单个检测方法,对在相同生产工艺条件下混凝土抗压强度等级相同且龄期相近的同类结构或构件,应按批量进行检测。批量检测时,应随机抽取具有代表性的构件,抽检数量不得少于同批构件总数的30%,且构件数量不得少于10件。

首先需要在检测结构或构件上布置测区。测区是指在检测试样(结构或构件)上混凝土抗压强度的一个检测单元。测区宜均匀布置在构件的两个对称可测面上,且宜选在使回弹仪处于水平方向检测混凝土浇筑侧面,也可使回弹仪处于非水平方向检测混凝土浇筑侧面、表面或底面。测区面积不宜大于0.04 m^2,测区至构件端部或施工缝边缘的距离不宜大于0.5 m,且不宜小于0.2 m。在构件的重要部位和薄弱部位应布置测区。

测区回弹值检测时，回弹仪的轴线应始终垂直于检测面，缓慢施压，准确读数，快速复位。每一个测区应记取16个回弹值，测点应在测区范围内均匀分布，相邻两测点的净距不宜小于20 mm。

回弹值测量完毕后，应在被测构件有代表性的位置测量碳化深度值，测量数不应少于构件测区数的30%，并取其平均值作为该构件所有测区的碳化深度值。碳化深度的测量，可采用适当的工具（如电锤）在测区表面形成直径约15 mm的孔洞，其深度大于混凝土碳化深度。孔洞中的粉末和碎屑应清除干净，且不得用水擦洗。用浓度为1%的酚酞酒精溶液滴在孔洞内壁的边缘处，用碳化深度测量仪或其他工具测量碳化混凝土交界面至混凝土表面的垂直距离，测量应不少于3次，取其平均值。

（2）超声回弹综合法

超声回弹综合法，是采用带波形显示器的低频超声波检测仪，并配置频率为50～100 kHz的换能器，测量混凝土中的超声波声速值，以及采用弹击锤冲击能量为2.207 J的混凝土回弹仪测量回弹值，然后根据实测声速值和回弹值综合推定混凝土强度的方法。这里仅介绍其工作原理及检测方法。

超声回弹综合法是建立在超声传播速度和回弹值与混凝土抗压强度之间关系的基础上的。混凝土超声检测的基本原理是向待测的结构混凝土发射超声脉冲，使其穿过混凝土，然后接受穿过混凝土后的脉冲信号。根据超声脉冲穿过混凝土的时间，即可计算声速。非金属超声波检测仪采用模块化数字式的测量电路，由键盘输入测量指令后，扫描发生器产生扫描电压，使电子束按一定的规律扫描。计时电路和脉冲发生器同时启动，脉冲发生器产生的脉冲信号经接受换能器变换成超声波在被测结构或构件的混凝土中传播，而计时电路产生的时标信号调制显示器上横轴方向的坐标值。此刻，若接收换能器没有接收到超声波信号，则在显示器上横轴显示的是一条匀速向前移动的横亮线。当接收换能器接收到由混凝土中传出的超声信号后，将其变换成电信号，再输入放大器放大和经模数转换板后成为数字信号输入中央处理器，将测量信号存储和显示，或由键盘输入指令打印测试结果，或输入微机进行处理。

混凝土抗压强度的超声检测是以抗压强度与超声波在混凝土中的传播参数（声速、衰减系数等）之间的相关关系为基础的。混凝土抗压强度愈高，相应的超声声速也越大。从理论上讲，超声传播特性应是描述混凝土抗压强度的理想参数。由于混凝土抗压强度受许多因素的影响,要想建立抗压强度和超声传播特性之间的简单关系是很困难的。经试验归纳,这种相关性可以用反映统计相关规律的非线性的数学模型来拟合,即通过试验建立混凝土抗压强度与声速的关系曲线或经验公式。

超声回弹综合法和回弹法都是以材料的应力、应变行为与抗压强度的关系为依据的。超声波在混凝土中的传播速度反映了材料的弹性性质。由于超声波能穿透被检测的材料,因此它也反映了混凝土内部构造的有关信息。回弹法的回弹值反映了混凝土的弹性性质,同时在一定程度上反映了混凝土的塑性性质,但它只能确切反映混凝土表层(约30 mm)的状态。超声回弹综合法既能反映混凝土的弹性性质,又能反映混凝土的塑性性质;既能反映混凝土表层的状态,又能反映内部的构造,自然能较确切地反映混凝土的抗压强度。

超声回弹综合法检测混凝土抗压强度,其实质就是结合回弹法的综合测试。检测时首先要确定测区。测区除满足回弹法对测区的基本要求外,还应满足:测区位于构件的两个对称可测面上,并宜避开钢筋密集区;同一个构件上的超声测距宜基本一致;相邻两回弹测点的间距不宜小于30 mm,测点至构件边缘或外露钢筋的距离不应小于50 mm。

测区声速测量时,测点应布置在回弹测试的对应测区内,每一测区布置3个测点,但测量声速探头安装位置不宜与回弹仪的弹击点相重叠。接收换能器通过耦合剂与混凝土测试面要接触良好,以减少声能的反射损失。

2.混凝土长期性能和耐久性能检测技术

结构混凝土抗渗性能、抗冻性能、抗氯离子渗透性能和抗硫酸盐侵蚀性能等长期耐久性能应采用取样法进行检测。取样位置应在受检区域内随机选取,取样点应布置在无缺陷的部位。我国颁布了《普通混凝土长期性能和耐久性能试验方法标准》(GB/T 50082—2009)。

1)抗渗性能检测

混凝土抗渗性能是指混凝土材料抵抗压力水渗透的能力。它是决定混凝土耐久性能的基本因素。一方面,在冻融破坏、硫酸盐侵蚀、钢筋锈蚀等导致混凝土品质劣化的原因中,水能够渗透到混凝土内部,另一方面,水也是作为这些侵蚀介质迁移进入混凝土内部的载体;所以,加强混凝土抗渗性对混凝土保持耐久性具有重大的意义。

2)抗冻性能检测

混凝土抗冻性能是指混凝土材料在吸水饱和状态下经历多次冻融循环,保持其原有性质不变或不显著降低原有性质的能力。我国有相当一部分混凝土结构处于严寒地带,由于气候冷热、冻融等交替作用,很容易使混凝土结构发生冻融破坏。冻融破坏导致结构承载能力和耐久性能下降,降低结构的使用寿命,已成为我国北方地区混凝土结构老化的重要问题,因此研究混凝土的抗冻性能非常有必要。

(二)砌体结构现场检测技术

由于砌体结构的强度低,砂浆和砌块强度差异大,施工质量、砌筑工人技术水平对砌体结构的强度影响较大。另外,其抗拉、抗弯、抗剪强度低,故砌体结构的整体性抗震性能差,也易于产生各种裂缝,在长期使用过程中会发生不同程度的损伤和破坏。对砌体结构房屋定期进行检测、及时采取维护措施,可消除隐患、延长房屋使用寿命,这对确保结构安全、发挥房屋的经济效益具有重要意义。

对使用多年的砌体结构进行检测,首先要检测其强度。砌体强度是由组成砌体的砌块强度和砂浆强度及砌筑质量来决定的。对于砌体结构的强度检测,传统的方法是直接截取标准试样法,即直接从砌体结构上截取试样进行抗压强度试验。由于砌体结构的特点,直接截取试样会对试样产生较大的损伤,影响试验结果,因此,砌体结构的原位轴压法、扁顶法和原位单剪法等现场检测技术,越来越受到人们的重视。

1.原位轴压法

原位轴压法是采用原位压力机在墙体上进行抗压测试,检测砌体抗压强度的方法。它适用于测试240 mm厚普通砖墙体的抗压强度。试验装置由扁式加载器、自平衡反力架和液压加载系统组成。测试时,先沿砌体测试部位垂直方向在试样高度上、下两端各开凿一个水平槽孔,在槽内各嵌入一扁式千斤顶,并用自平衡拉杆固定。通过加载系统对试样进行分级加载,直到试件受压开裂破坏为止,求得砌体的极限抗压强度。测试时,应首先选择测试部位,然后在测点上开凿水平槽孔,并在槽孔内安放原位压力机,最后分级施加荷载进行测试。具体测试方法参见相关标准。该法的最大优点是综合反映了砖材、砂浆变异及砌筑质量对抗压强度的影响;测试设备具有变形适应能力强、操作简便等特点,对低强度砂浆、变形很大或抗压强度较高的墙体均适用。

2.扁顶法

扁顶法是采用扁式液压千斤顶在墙体上进行抗压测试,检测砌体的受压应力、弹性模量、抗压强度的方法。扁顶法的试验装置是由扁式液压加载器和液压加载系统组成。试验时,在待测砌体部位按所取试样的高度在上、下两端垂直于主应力方向,沿水平灰缝将砂浆掏空,形成两个水平空槽,将扁式液压千斤顶放入灰缝的空槽内。当扁式液压千斤顶进油时,液囊膨胀,对砌体产生应力,随着压力的增加,试件所受荷载增大,直到开裂破坏。它是利用砖墙砌合特点,在水平砂浆灰缝处开凿槽口,装入扁式液压千斤顶,依据应力释放和恢复原理,测得墙体的受压工作应力、弹性模量,并通过测定槽间砌体的抗压强度确定其标准砌体的抗压强度。

3.原位单剪法

原位单剪法是在墙体上沿单个水平灰缝进行抗剪测试,检测砌体抗剪强度的方法。该方法主要是依据我国以往砖砌体单剪试验方法编制的,适用于推定砖砌体沿通缝截面的抗剪强度,测试部位宜选在窗洞门或其他洞口下三皮砖范围内。测试设备包括螺旋千斤顶或卧式千斤顶、荷载传感器及数字仪表等。

第三节 钢筋混凝土结构加固技术

一、加固设计基本规定

钢筋混凝土结构经可靠性鉴定确认需要加固时,应根据鉴定结论和委托方提出的要求,由有资质的专业技术人员按加固规范的规定要求进行加固设计。加固设计时,原构件截面尺寸应采用实测值;原构件混凝土强度等级和受力钢筋抗拉强度标准值,当结构可靠性鉴定认为应重新进行现场检测时,应采用现场检测结果推定的标准值。钢筋混凝土结构加固设计使用年限,一般按30年考虑。

钢筋混凝土结构构件加固时,为了保证新增部分与原混凝土构件之间的结合,使其能够协同工作,以充分发挥新浇混凝土及新配钢筋(或钢板、型钢、纤维复合材等)的作用,在加固设计及施工时要注意以下几点。

第一,加固用的水泥,应采用强度等级不低于32.5级的硅酸盐水泥或普通硅酸盐水泥,也可采用强度等级不低于42.5级的矿渣硅酸盐水泥或火山灰质硅酸盐水泥。第二,加固用的混凝土强度等级应比原结构、构件提高一级,且不低于C20。当采用商品混凝土时,要求所掺的粉煤灰应为Ⅰ级灰,且烧失量不大于5%。配制混凝土的粗骨料时,应选用坚硬、耐久性好的碎石或卵石,其最大粒径要求为:对现场拌和混凝土不宜大于20 mm,对喷射混凝土不宜大于12 mm,对短纤维混凝土不宜大于10 mm。配制混凝土的细骨料应选用中、粗砂,细度模数不宜小于2.5。第三,加固用的钢筋,应优先选用HRB335热轧带肋钢筋或HPB235热轧钢筋。当有工程经验时,也可使用HRB400或RRB400热轧带肋钢筋。板的受力钢筋直径不应小于8 mm,梁的受力钢筋直径不应小于12 mm,柱的受力钢筋直径不应小于14 mm。加锚式箍筋直径不应小于8 mm,U形箍筋直径应与原箍筋直径相同,分布筋直径不应小于6 mm。第四,加固施工结束后,应按《混凝土结构工程施工质量验收规范》(GB 50204—2015)及《建筑结构加固工程施工质量验收规范》(GB 50550—2010)进行质量检验和工程验收。未经技术鉴定或设计许可,不得改变加固后钢筋混凝土结构的用途和使用环境。

二、增大截面加固法

增大截面加固法又称为外包混凝土加固法,是通过在混凝土构件外,叠浇新的钢筋混凝土层,增大构件的截面面积,或增配钢筋,从而达到提高构件的承载能力、刚度或改变其自振频率的一种直接加固法。由于其具有工艺简单、受力可靠、加固费用低廉等优点,很容易被人们所接受,故广泛应用于梁、板、柱、墙等构件的加固,特别是原截面尺寸显著偏小及轴压比明显偏高的构件加固。由于其固有缺点的存在,如湿作业工作量大、养护期长、构件尺寸扩大影响使用功能等,也使其应用受到限制。

采用增大截面加固法对混凝土受压构件及受弯构件进行加固时,为保证新旧混凝土界面的黏结强度,要求被加固构件按现场检测结果确定的混凝土强度等级不低于C10。当混凝土密实性差,甚至有蜂窝、空洞等缺陷时,应先置换有局部缺陷或密实性差的混凝土,再进行加固。

根据混凝土构件的受力特点,增大截面加固法可设计成单侧、双侧、三侧或四周增大截面。以增大截面加固法加固现浇板为例,于板面增加不小于40 mm厚的钢筋混凝土叠合层,或于板底采用喷射法增加不小于40 mm厚的钢筋混凝土后浇层,新旧混凝土界面用Φ8@600锚筋连接。板所增配钢筋应根据计算确定,一般应不小于Φ8@200。板面钢筋宜布置在支座处应有可靠锚固,板底钢筋应钻孔穿梁并植入板边缘的框架梁中,设计时可以采用等代钢筋以减少植筋数量。增大截面加固法加固现浇板一般适用于无梁楼盖及框架结构楼盖的楼板加固,剪力墙结构楼盖因钻孔较多,施工较为麻烦,故此法较少使用。

采用增大截面加固法加固梁时,应根据梁的类型、截面形式,所处位置及受力情况等的不同,采用相应的加固构造方式。如仅梁底正截面受弯承载力不足且相差不大,可只增加钢筋而不增大混凝土截面,此时新增受力钢筋与原钢筋间可采用短筋焊接连接,短筋直径不应小于20 mm,长度不小于直径的5倍,短筋中距不应大于500 mm(端部不大于250 mm),钢筋表面可以采用高强水泥砂浆抹面保护。当梁正截面受弯承载力相差较大时,应同时增大钢筋和混凝土截面,并设置U形箍筋。U形箍筋应焊在原有箍筋上,单面焊缝长度应为箍筋直径的10倍,双面焊缝长度应为箍筋直径的5倍。当梁受剪截面过小或斜截面受剪承载力过低,必须同时增大箍筋和截面时,应采用围套加固,并设置环形箍筋或胶锚式箍筋。梁新增混凝土层的最小厚度,采用人工浇筑时不应小于60 mm,采用喷射混凝土施工时不应小于50 mm。梁中新增纵向受力钢筋的两端应有可靠锚固,一般植入边梁或柱中。

采用增大截面加固法加固柱时,根据柱的类型、截面形式、所处位置及受力情况等的不同,可选用四面围套、三面围套、两面围套及单面增大截面的加固方式。新增混凝土强度等级应比原柱提高一级,且不宜低于C25。新增混凝土层最小厚度柱采用人工浇筑时不应小于60 mm,采用喷射混凝土施工时不应小于50 mm。新增纵向受力钢筋直径不应小于14 mm,与原混凝土之间的间隙不宜小于钢筋直径。新增纵向受力钢筋在加固楼层范围内应通长设置,纵筋下端应伸入基础并满足锚固要求,上端应穿过楼板与上层柱连接或在屋面板处封顶锚固。新增钢筋穿过原结构梁、板、墙的孔洞应采用胶黏剂灌注锚固。新增箍筋可采用单一封闭箍筋或U形箍筋形式,箍筋直径宜与原箍筋相同,但不应小于8 mm。箍筋应在规定的范围内加密。新增箍筋与原箍筋可采用焊接连接,单面焊接时焊接长度不小于10倍箍筋直径,双面焊接时焊接长度不小于5倍箍筋直径。

三、置换混凝土加固法

置换混凝土加固法是针对混凝土构件存在蜂窝、孔洞、疏松等缺陷,或混凝土强度偏低(主要是受压区混凝土强度),采取剔除原构件中的劣质混凝土,而浇筑同品种但强度等级较高的混凝土的措施来进行局部增强,使原构件的承载力得到恢复的一种直接加固方法。该加固方法优点是结构加固后构件尺寸不变,能恢复原貌,不改变其使用空间;缺点是施工挖凿易伤及原构件的混凝土及钢筋、湿作业周期长、新旧混凝土黏结能力差等。

在混凝土承重结构中应用置换混凝土加固法，关键在于置换部位结合面处理效果，从而能使新旧混凝土协同工作。当置换前旧混凝土露出坚实的结构层，且具有粗糙而洁净的表面时，新浇混凝土的水泥胶体便能在微膨胀剂的预压应力作用下渗入旧混凝土，并在水泥水化过程中使新旧混凝土会黏合成一体，此时新旧结合面可按整体协同工作考虑。置换混凝土加固法不仅适用于新建混凝土，由于施工差错引起局部混凝土强度不能满足设计要求的构件返工处理，还适用于已建混凝土结构受高温、冻害、腐蚀、地震等因素作用后的局部修复。

在置换加固处理中，置换部分应位于构件截面受压区内，将有缺陷的混凝土剔除，剔除位置应在沿构件整个宽度的一侧或对称的两侧，不得仅剔除截面的一隅，以免造成截面传力不均匀。为了保证置换混凝土的密实性，混凝土置换范围不宜过小，置换深度、对板不应小于40 mm，梁、柱采用人工浇筑时，不应小于60 mm，采用喷射施工时，不应小于50 mm；置换长度应按混凝土强度和缺陷的检测及验算结果确定，但对非全长置换的情况，其两端应分别延伸不小于100 mm的长度。

为了保证新旧混凝土协同工作，同时为了避免在局部置换的部位产生销栓效应，置换混凝土强度等级比原构件混凝土提高一级为宜，且不应低于C25。置换混凝土应采用膨胀混凝土或膨胀树脂混凝土，当体量较小时，应采用细石膨胀混凝土、高强度灌浆料或环氧砂浆等。新旧混凝土结合面应涂刷环氧树脂或混凝土界面剂。

为了确保置换混凝土施工全过程中原结构构件的安全，理想的置换应为零应力(或低应力)条件下的置换，即置换前要完全卸载，卸载方法有直接卸载和支顶卸载。当加固柱、墙等构件完全卸载有困难时，应对原结构构件在置换施工全过程中的承载状态进行验算、观测和控制，置换界面处的混凝土不应出现拉应力。

第四节 砌体结构加固技术

一、钢筋混凝土面层加固法

钢筋混凝土面层加固法，是指通过外加钢筋混凝土面层，提高砌体墙、柱的承载力和刚度的一种加固方法。采用钢筋混凝土面层加固砖砌体构件时，对柱宜采用围套加固的形式；对墙和带扶壁柱墙宜采用有拉结的双侧加固形式。

（一）构造规定

采用钢筋混凝土面层对砌体墙、柱进行加固时，钢筋混凝土面层的截面厚度不应小于60 mm；当用喷射混凝土施工时，其不应小于50 mm。加固用的混凝土，其强度等级不应低于C20；当采用HRB335（或HRBF335）钢筋或受振动作用时，混凝土强度等级不应低于C25。在配制墙、柱加固用的混凝土时，不应采用膨胀剂；必要时，可掺入适量减缩剂。

加固用的竖向受力钢筋，宜采用HRB335或HRBF335钢筋，其直径不应小于12 mm，净间距不应小于30 mm。纵向钢筋的上、下端均应有可靠的锚固，上端应锚入有配筋的混凝土梁垫、梁、板或牛腿内；下端应锚入基础内。纵向钢筋的接头连接方式应为焊接。

当采用围套式钢筋混凝土面层加固砌体柱时，应采用封闭式箍筋。箍筋的直径不应小于6 mm，间距不应大于150 mm。柱的两端各500 mm范围内，箍筋应加密。其间距应取100 mm。若加固后的构件截面高度$h \geqslant 500$ mm，还应在截面两侧加设竖向构造钢筋，并相应设置拉结钢筋作为箍筋。

当采用在两对面增设钢筋混凝土面层加固带扶壁柱墙或窗间墙时，应沿砌体高度每隔250 mm交替设置不等肢U形箍筋和等肢U形箍筋。不等肢U形箍筋在穿过墙上预钻孔后，应弯折成封闭式箍筋，并在封口处焊牢。U形箍筋直径为6 mm，预钻孔的直径可取U形箍筋直径的2倍，穿筋时应采用植筋专用的结构胶将孔洞填实。对带扶壁柱墙，还应在其拐角部位增设竖向构造钢筋与U形箍筋焊牢。

当砌体构件截面任一边的竖向钢筋多于3根时，应通过预钻孔增设复合箍筋或拉结钢筋，并采用植筋专用结构胶将孔洞填实。

采用钢筋混凝土面层加固砌体构件时，若原砌体与新浇混凝土面层之间的界面处理及其黏结质量符合相关的要求，可按整体截面计算。加固后的砌体柱，其计算截面可按宽度为b的矩形截面采用。加固后的砌体墙，其计算截面的宽度取为（$b+s$）（b为新增混凝土的宽度，s为新增混凝土的间距）。加固后的带扶壁柱砌体墙，其计算截面的宽度取窗间墙宽度；但当窗间墙宽度大于（$b+2/3H$）（H为墙高）时，仍取（$b+2/3H$）作为计算截面的宽度。加固构件的界面不允许有尘土、污垢、油渍等污染物，也不允许考虑其污染的影响而降低承载力。

(二)砌体抗剪加固计算

采用钢筋混凝土面层加固法对砌体加固的受剪承载力应符合下列条件。

$$V \leqslant V_m + V_{cs} \quad (3-1)$$

$$V_{cs} = 0.44\alpha_c f_t bh + 0.8\alpha_s f_y A_s \frac{h}{s} \quad (3-2)$$

式中:

V——砌体墙面内剪力设计值;

V_m——原砌体受剪承载力,按现行国家标准《砌体结构设计规范》(GB 50003—2011)计算确定;

V_{cs}——采用钢筋混凝土面层加固后提高的受剪承载力;

f_t——混凝土轴心抗拉强度设计值;

α_c——砂浆强度利用系数,对于砖砌体,取α_c=0.8;对混凝土小型空心砌块,取α_c=0.7;

α_s——钢筋强度利用系数,取α_s=0.9;

b——混凝土面层厚度(双面时,取其厚度之和);

h——墙体水平方向长度;

f_y——水平方向钢筋的设计强度值;

A_s——水平方向单排钢筋的截面面积;

s——水平方向钢筋的间距。

(三)砌体抗震加固计算

当采用钢筋混凝土面层加固法对砌体结构进行抗震加固时,宜采用双面加固形式增强砌体结构的整体性。钢筋混凝土面层加固法加固砌体墙的抗震受剪承载力应按下列公式计算。

$$V \leqslant V_{ME} + \frac{V_{cs}}{\gamma_{RE}} \quad (3-3)$$

式中:

V——考虑地震组合的墙体剪力设计值;

γ_{RE}——承载力抗震调整系数,取γ_{RE}=0.85;

V_{ME}——原砌体截面抗震受剪承载力,按现行国家标准《砌体结构设计规范》(GB 50003—2011)计算确定;

V_{cs}——采用钢筋混凝土面层加固后提高的抗震受剪承载力,按式(3-2)计算。

二、钢筋网水泥砂浆面层加固法

钢筋网水泥砂浆面层加固法，是指通过外加钢筋网水泥砂浆面层，提高砌体墙、柱的承载力和刚度的一种加固方法。它适用于各类砌体墙、柱的加固。采用双面钢筋网水泥砂浆面层加固法加固砖墙，可使平面抗弯强度有较大幅度提高，平面抗剪强度和延性提高较多，墙体抗裂性有较大的改善。

（一）构造规定

当采用钢筋网水泥砂浆面层加固法加固砌体构件时，对砌体受压构件，其原砌筑砂浆的强度等级不应低于M9.5；对砖砌体受剪构件，其原砌筑砂浆的强度等级不宜低于M1。但若为低层建筑，允许不低于M0.4。对砌块砌体受剪构件，其原砌筑砂浆强度等级不应低于M2.5。对块材风化严重的砌体，不应采用钢筋网水泥砂浆面层加固法进行加固。

当采用钢筋网水泥砂浆面层加固法加固砌体承重构件时，其面层厚度，对室内正常湿度环境，应为35 ~ 45 mm；对露天或潮湿环境，应为45 ~ 50 mm。加固受压构件用的水泥砂浆，其强度等级不应低于M15；加固受剪构件用的水泥砂浆，其强度等级不应低于M10。受力钢筋至砌体表面的距离不应小于5 mm。结构加固用的钢筋，宜采用HRB335或HRBF335钢筋，也可采用HPB300钢筋。

当采用钢筋网水泥砂浆面层加固法加固柱和墙的壁柱时，竖向受力钢筋直径不应小于10 mm，其净间距不应小于30 mm，受压钢筋一侧的配筋率不应小于0.2%，受拉钢筋一侧的配筋率不应小于0.15%；柱的箍筋应采用封闭式，其直径不宜小于6 mm，间距不应大于150 mm。柱的两端各500 mm范围内，箍筋应加密，其间距应取100 mm。在墙的扶壁柱中，应设两种箍筋：一种为不穿墙的U形箍筋，但应焊在墙柱四角处的竖向构造筋上，其间距与柱的箍筋相同；另一种为穿墙箍筋，加工时宜先做成不等肢U形箍筋，待穿墙后再弯成封闭箍筋，其直径宜为8 ~ 10 mm，每隔600 mm布置一根。箍筋与竖向钢筋的连接方式应为焊接。

当采用钢筋网水泥砂浆面层加固法加固墙体时，宜采用点焊方格钢筋网，网中竖向受力钢筋直径不应小于8 mm，水平分布钢筋的直径宜为6 mm，网格尺寸不应大于300 mm。当采用双面钢筋网水泥砂浆面层时，钢筋网应采用穿通墙体的S形或Z形钢筋拉结，拉结钢筋宜呈梅花状布置，其竖向间距和水平间距均不应大于500 mm。

加固面层中的钢筋网四周应与楼板、大梁、柱或墙体等可靠连接。墙、柱加固增设的竖向受力钢筋，其上端应锚固在楼层构件、圈梁或配筋的混凝土垫块中;其伸入地下一端应锚固在基础内。锚固可采用植筋方式。当原构件为多孔砖砌体或混凝土小砌块砌体时,应采用专门的机具和结构胶埋设穿墙的拉结筋。混凝土小砌块砌体不得采用单侧外加面层。

钢筋网的横向钢筋遇有门窗洞时,对单面加固情况,宜将钢筋弯入洞口侧面并沿周边锚固;对双面加固情况,宜将两侧的横向钢筋在洞口处闭合,且应在钢筋网折角处设置竖向构造钢筋;此外,在门窗转角处,还应设置附加的斜向钢筋。

(二)砌体抗剪加固计算

采用钢筋网水泥砂浆面层加固法对砌体加固后的受剪承载力应符合下列条件。

$$V \leqslant V_{M} + V_{sj} \qquad (3\text{-}4)$$

式中:

V——砌体墙面内剪力设计值;

V_{M}——原砌体受剪承载力,按现行国家标准《砌体结构设计规范》(GB 50003—2011)计算确定;

V_{sj}——采用钢筋网水泥砂浆面层加固法加固后提高的受剪承载力。

采用手工抹压法施工的钢筋网水泥砂浆面层加固后提高的受剪承载力 V_{sj} 对压注或喷射成型的钢筋网水泥砂浆面层,其可按式(3-5)的计算结果乘以1.5的增大系数采用。

$$V_{sj} = 0.02fbh + 0.2f_{y}A_{s}\frac{h}{s} \qquad (3\text{-}5)$$

式中:

f——砂浆轴心抗压强度设计值;

b——砂浆面层厚度(双面时,取其厚度之和);

h——墙体水平方向的长度;

f_{y}——水平方向钢筋的设计强度值;

A_{s}——水平方向单排钢筋的截面面积;

s——水平方向钢筋的间距。

(三)砌体抗震加固计算

采用钢筋网水泥砂浆面层加固法对砌体结构进行抗震加固时,宜采用双面加固的形式增强砌体结构的整体性。钢筋网水泥砂浆面层加固法加固砌体墙的抗震受剪承载力应符合下列条件。

$$V \leqslant V_{EM} + \frac{V_{sj}}{\gamma_{RE}} \quad (3\text{-}6)$$

式中：

V——考虑地震组合的墙体剪力设计值；

V_{EM}——原砌体抗震受剪承载力，按现行国家标准《砌体结构设计规范》(GB 50003—2011)的有关规定计算确定；

V_{sj}——采用钢筋网水泥砂浆面层加固法加固后提高的抗震受剪承载力，按式(3-3)确定；

γ_{RE}——承载力抗震调整系数，取γ_{RE}=0.9。

三、砌体结构构造性加固法

砌体结构构造性加固法主要用于砌体结构整体性较差、构造柱设置不满足现行规范要求或出现局部破裂现象等情况。常用的砌体结构构造性加固法有增设圈梁加固法、增设构造柱加固法、增设梁垫加固法及砌体局部拆砌法。

(一)增设圈梁加固法

当砌体中无圈梁或圈梁设置不符合现行设计规范要求，或纵横墙交接处咬槎有明显缺陷，或房屋的整体性较差时，应增设圈梁进行加固。

外加圈梁，宜采用现浇钢筋混凝土圈梁或钢筋网水泥复合砂浆砌体组合圈梁，在特殊情况下，也可采用型钢圈梁。内墙圈梁还可用钢拉杆代替。钢拉杆设置间距应适当加密，且应贯通房屋横墙（或纵墙）的全部宽度，并应设在有横墙（或纵墙）处，同时应锚固在纵墙（或横墙）上。外加圈梁应靠近楼（屋）盖设置。钢拉杆应靠近楼（屋）盖和墙面设置。外加圈梁应在同一水平标高交圈闭合。变形缝处两侧的圈梁应分别闭合，如遇开门墙，应采取加固措施使圈梁闭合。

当采用外加钢筋混凝土圈梁时，圈梁的截面尺寸不应小于120 mm×180 mm，混凝土强度等级不应低于C20；纵向钢筋不应小于4Φ10 mm，箍筋宜采用Φ6@200 mm；当圈梁与外加柱连接时，在柱边两侧各500 mm长度区段内，箍筋间距应加密至100 mm。圈梁在转角处应设2根直径为12 mm的斜筋。圈梁的钢筋外保护层厚度不应小于20 mm，受力钢筋接头位置应相互错开，其搭接长度为40d(d为纵向钢筋直径)。任一搭接区段内，有搭接接头的钢筋截面面积不应大于总面积的25%，有焊接接头的纵向钢筋截面面积不应大于同一截面内钢筋总面积的50%。外加钢筋混凝土圈梁的顶面应做泛水，底面应做滴水沟。

当采用钢筋网水泥复合砂浆砌体组合圈梁时，梁顶平楼（屋）面板底，梁高不应小于300 mm。穿墙拉结钢筋宜呈梅花状布置,并应位于丁砖(对单面组合圈梁)或丁砖缝(对双面组合圈梁)上。钢筋网水泥复合砂浆面层厚度宜为30~45 mm,面层水泥砂浆强度等级不应低于M10,水泥复合砂浆强度等级不应低于M20。钢筋网的钢筋直径宜为6 mm或8 mm,网格尺寸宜为120 mm×120 mm。单面组合圈梁的钢筋网,应采用直径为6 mm的L形锚筋,其间距宜为240 mm×240 mm;双面组合圈梁的钢筋网,应采用直径为6 mm的Z形或S形穿墙筋连接,其间距宜为360 mm×360 mm。钢筋网的水平钢筋遇有门窗洞时,单面组合圈梁宜将水平钢筋弯入洞口侧面锚固,双面圈组合梁宜将两侧水平钢筋在洞口闭合。

外加钢筋混凝土圈梁与砖墙的连接,宜选用结构胶锚筋,也可选用化学锚栓或钢筋混凝土销键。当采用化学植筋或化学锚栓时,砌体块材强度等级不应低于MU7.5,原砌体砖强度等级不应低于MU7.5,其他要求按压浆锚筋确定。压浆锚筋仅适用于实心砖砌体与外加钢筋混凝土圈梁之间的连接,原砌体砖强度等级不应低于MU7.5,原砂浆强度等级不应低于M2.5。压浆锚筋与钢拉杆的间距宜为300 mm,锚筋之间的距离宜为500~1 000 mm。

钢拉杆与外加钢筋混凝土圈梁可采用下列方法进行连接:钢拉杆埋入圈梁,埋入长度为30d(d为钢拉杆直径),端头做弯钩;或钢拉杆通过钢管穿过圈梁,用螺栓拧紧;或钢拉杆端头焊接垫板埋入圈梁,垫板与墙面之间的间隙不应小于80 mm。

当采用角钢圈梁时,角钢规格不应小于∟80×6或∟75×6,并应每隔1~1.5 m,与墙体用普通螺栓拉结,螺杆直径不应小于12 mm。

(二)增设构造柱加固法

当砌体无构造柱或构造柱设置不符合现行设计规范要求时,应增设现浇钢筋混凝土构造柱或钢筋网水泥复合砂浆砌体组合构造柱。增设的构造柱应与墙体圈梁、拉杆连接成整体,若所在位置与圈梁连接不便,也应采取措施与现浇混凝土楼(屋)盖进行可靠连接。采用钢筋网水泥复合砂浆砌体组合构造柱时,组合构造柱截面宽度不应小于500 mm,穿墙拉结钢筋宜呈梅花状布置,其位置应在丁砖缝上。面层水泥砂浆强度等级不应低于M10,水泥复合砂浆强度等级不应低于M20;钢筋网水泥复合砂浆面层厚度宜为30~45 mm,钢筋网的钢筋直径宜为6 mm或8 mm,网格尺寸宜为120 mm×120 mm。构造柱的钢筋网应采用直径为6 mm的Z形或S形锚筋,其间距宜为360 mm×360 mm。

(三)增设梁垫加固法

当大梁下砌体被局部压碎或大梁下墙体上出现局部竖向或斜向裂缝时,应增设梁垫进行加固。新增设的梁垫,其混凝土强度等级现浇时不应低于C20,预制时不应低于C25。梁垫尺寸应按现行设计规范的要求经计算确定,但梁垫厚度不应小于180 mm;梁垫的配筋应按抗弯条件计算配置。当按构造配筋时,其用量不应小于梁垫体积的0.5%。增设梁垫应采用“托梁换柱”的方法施工。

(四)砌体局部拆砌法

当墙体局部破裂但在查清其破裂原因后仍未影响承重及安全时,可将破裂墙体局部拆除,并按提高一级的砂浆强度等级用整砖填砌。分段拆砌墙体时,应先砌部分留槎,并埋设水平钢筋与后砌部分拉结。当局部拆砌墙体时,新旧墙交接处不得做成水平槎或直槎,应做成踏步槎接缝,缝间设置拉结钢筋以增强新旧墙体的整体性。

第四章 建筑节能检测技术

第一节 外保温系统及组成材料检测技术

一、外墙外保温系统

外墙外保温系统虽为目前应用较为广泛的建筑保温形式，但外保温工程在实际使用中会受到多种破坏作用，严重影响整个系统的耐久性和使用性能。由于大多数保温材料的隔热性能特别好，其保护层温度在夏季可高达70℃，夏季持续晴天后突降暴雨所引起的表面温度变化可达50℃之高，夏季的高温还会加速保护层的老化。保护层中的某些有机材料会由于紫外线辐射，以及空气中的氧气和水分的作用而遭到破坏。在寒冷地区冬季，昼夜温差最高可达到40℃，温度变化剧烈，而每种材料对温度变化所产生的膨胀收缩能力不一致，这就造成了系统内部产生较大的内应力。就外墙外保温系统而言，在冬季，室内空气进入墙体的水分以及材料因施工或降雨遗留的水分，会因为温度降低而结冰，造成冻融破坏，加之外部风压载荷和外力破坏，整个系统会受到相当大的破坏作用。外墙外保温系统试验主要包括耐候性能、抗风压性能、吸水量性能等。

（一）耐候性检测

耐候性为实验室模拟自然界的热雨循环、热冷循环、冻融循环对外保温系统的破坏，试验周期超过2个月，检测设备耗能、耗水多，试件的重量在1.5～3.0 t，因此试件的制作、施工、移动和检测都有一定的难度。怎样合理地选择检测设备、安排检测周期，是能否实现安全、高效检测的关键所在。

1. 检测依据

《模塑聚苯板薄抹灰外墙外保温系统材料》（GB/T 29906—2013）。

《外墙外保温系统耐候性试验方法》（JG/T 429—2014）。

2. 检测设备

常见的耐候性检测设备试件架的移动方式可分为轨道式、行车式两种。

轨道式相对于行车式的优势在于：轨道式可以在普通结构房内安装和检测，占地小、操作简便、安全，而行车式需要在工业厂房内安装和检测，配备的起重行车必须到当地质监部门的特种设备管理机构进行登记备案，行车操作人员要进行培训取证方能上岗，且其占地大、操作复杂、有一定的安全风险。然而一些大型的检测机构仍然选择行车式，这是因为行车式一般配备4个试件框、2个试件养护、2个试件检测，这样可以提高设备的检测效率。依据《建筑外墙外保温防火隔离带技术规程》(JGJ 289—2012)的要求，耐候性试验与抗风压试验必须使用同一堵试件墙且抗风压试验要在耐候试验后进行。由于轨道式试件墙的移动是单向的，不能满足抗风压试验要求，这就限制了轨道式设备的使用。

耐候性检测设备应满足以下要求。

耐候性检测设备由箱体、温度装置、湿度装置、喷淋水装置、测试装置、试验基墙等部分组成，能够自动控制和记录试验过程中试件温度、箱内空气湿度、喷淋水流量等试验参数。

箱体开口部位内侧尺寸为高不小于2.0 m、长不小于3.0 m，箱体宽度为(1.5±0.1)m。箱体应采用保温材料进行绝热处理，箱体壁厚0.10 ~ 0.15 m，保温层热阻不小于4.2(m^2·K)/W。

加热器置于箱体内侧顶部，不得直接照射到试件；制冷压缩机组置于箱体外部，宜采用双压缩机；蒸发器置于箱体内侧顶部，采用风机进行空气循环，试验时试件温度均匀度不应大于3 ℃。

除湿机置于箱体外部，宜采用转轮除湿方式。

喷嘴置于箱体开口侧顶部以下0.1 ~ 0.2 m，距试件表面0.1 ~ 0.2 m，呈水平排列，喷嘴数量应满足喷淋水布满试件表面的要求。

温度传感器在测量温度范围的精度为±1 ℃，箱体内每个试件设置试件温度传感器4个，分别位于箱体开口部位四角，距箱体开口内侧边缘0.2 m，距开口立面(试件表面)10 ~ 20 mm。温度采集时间间隔不小于2 min。传感器需要每年进行检定。

湿度传感器在测量湿度范围的精度为±3%，箱体内设置空间湿度传感器2个，一个置于门的上方中间部位，另一个置于门对面距箱底0.5 m处中间部位，湿度传感器距箱壁0.2 m。

水流量计在测量流量范围的精度等级不低于2.5级,水流量计置于箱体外部,每年进行校准。

钢筋混凝土墙体或其他墙体,厚度不小于100 mm,试验基墙尺寸应与箱体开口部位外框尺寸一致,不宜超出箱体外框,并可牢固安装到箱体上。混凝土强度不低于C25,试验基墙应能反复使用。试验墙面左侧有一个洞口,洞口深度30~50 mm,洞口尺寸应满足试件要求。

3. 样品制备及养护

试样数量1个,试件位于耐候箱体开口部位内侧的部分高度不小于2.0 m、长度不小于3.0 m。

委托方应提供外保温系统构造做法、施工工艺文件和材料使用说明,并根据保温板尺寸和试验墙尺寸设计排板方案。

试样由试验基墙和外墙外保温系统组成,在试验基墙外侧面以及洞口侧面也应采用适宜的保温材料,安装构造相同的外保温系统,侧面保温层厚度为20~25 mm。

整个试样只能使用一种保温板胶黏剂、一种抹面胶浆和最多3种类型的涂料饰面。

当试件使用不同类型的涂料饰面时,受检试件的涂料饰面按竖直方向均匀分布,并且受检试件底部0.4 m以下不做涂料饰面层。

当试件使用单一饰面时,饰面层应覆盖整个试件表面。

当试件设置防火隔离带时,防火隔离带应位于洞口上沿,防火隔离带宽度为300 mm。

制样完成后,应在空气温度为10~30 ℃、相对湿度不低于50%的条件下养护28 d以上,且应每天记录养护环境条件和试样状况。

4. 试验步骤

1)试样安装

将养护好的试样固定到耐候箱体开口部位。

通过压紧装置把试件与箱体卡紧,卡紧装置要注意力度,下面适当卡紧,顶部与密封条接触即可。

2)热雨循环

进行热雨循环80次,每20个热雨循环后,对抹面层和饰面层的外观进行检查并做记录。热雨循环条件如下。

加热3 h,在1 h内将试样表面温度升至70 ℃,并恒温在(70±5)℃,试验箱内空气相对湿度保持在10%～20%范围内。

喷淋水1 h,水温(15±5)℃,每个试样墙体喷水量1.0～1.5 L/(m^2·min)。

静置2 h。

3)试样

完成热雨循环后,在空气温度10～30 ℃、相对湿度不低于50%条件下放置2 d,然后进行热冷循环。

4)热冷循环

进行热冷循环5次,在热冷循环结束后,对抹面层和饰面层的外观进行检查并做记录。热冷循环条件如下。

加热8 h,在1 h内将试样表面温度升至50 ℃,并恒温在(50±5)℃,试验箱内空气相对湿度保持在10%～20%范围内。

制冷16 h,在2 h内将试样表面温度降至-20 ℃,并恒温在(-20±5)℃。

5)试验结果

外观检查。试样完成湿热循环并放置7 d后,检查并记录试样外观情况,试样出现裂缝、粉化、空鼓、剥落等现象时视为试样破坏。

拉伸黏结强度。按《建筑工程饰面砖粘结强度检测标准》(JGJ 110—2017)规定的方法在完成外观检查的试样上进行拉伸粘结强度测定,要求如下:①防护层与保温层拉伸黏结强度测点尺寸为100 mm×100 mm,测点尺寸符合《建筑工程饰面砖黏结强度检测标准》(JGJ 110—2017)的规定,试件应在试样表面均布。②检测防护层与保温层拉伸黏结强度,如果系统含有防火隔离带,还应检测防护层与防火隔离带的拉伸黏结强度,并记录试件破坏状态。

5. 结果处理

外观试验结果应包括有无可见裂缝、粉化、空鼓、剥落等现象。

饰面及无饰面部位拉伸黏结强度应分别计算,拉伸黏结强度试验结果为各自6个试验数据中4个中间值的算术平均值,精确到0.01 MPa。

6. 注意事项

由于该试验周期较长,试验期间应安排人员值班,及时处理停水、停电和设备故障等问题。

耐候性试验时,应以试件表面温度作为温控对象。

对于同一试验箱内同时受检的两面试验墙:①当一面墙为聚苯板薄抹灰外

保温系统,另一面墙为聚苯板厚抹灰外保温系统或聚苯颗粒保温砂浆系统时,应以聚苯板薄抹灰的试件表面温度为温度控制基准;②当同一试验箱的两面试验墙采用相同的薄抹灰外保温系统而且热阻相近时,两面墙的平均温度可以作为控制基准。

耐候性试验所用循环喷淋水,既要过滤,又要定期更换控制其碱度。

如果试样为设有防火隔离带的外墙外保温系统,还应按照《建筑外墙外保温防火隔离带技术规程》(JGJ 289—2012)的规定进行系统抗风压性能检测,拉伸黏结强度试验应放在抗风压试验完成后进行。

(二)抗风压性能检测

1. 检测依据

《建筑外墙外保温防火隔离带技术规程》(JGJ 289—2012)

2. 检测设备

外墙外保温抗风压实验室检测设备由动力系统、静压箱、监控系统、测控系统等组成。

最大压差≤-12 kPa,负压箱应有足够的深度,以保证在外保温系统可能的变形范围内能使施加在系统上的压力保持恒定。经过耐候性检测的试样能安装在负压箱开口中并沿基层墙体周边进行固定和密封。差压传感器应每年进行校准。

基层墙体可为混凝土墙或砖墙。为了模拟空气渗漏,在基层墙体上每平方米应预留一个直径15 mm的孔洞,并应位于保温板接缝处。

3. 样品制备及养护

抗风压性能的试样墙采用的是经过耐候性试验的试样墙。

4. 试验步骤

试验步骤中的加压程序如图4-1所示。

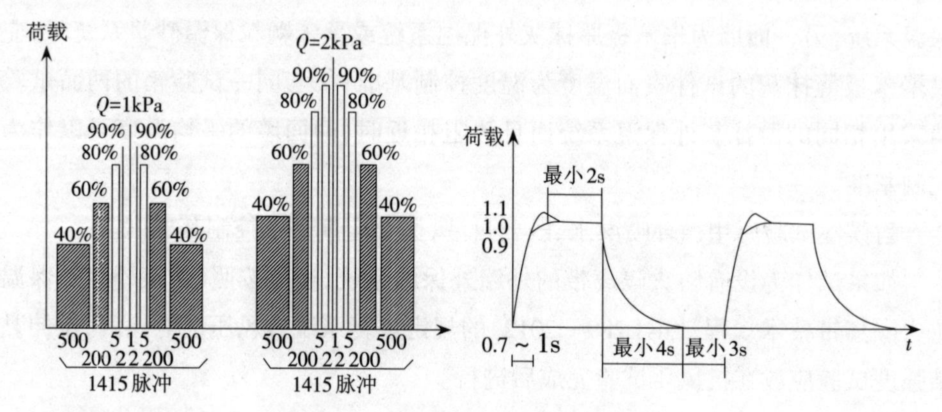

图4-1　抗风压加压程序示意图

每级试验包含1 415个负风压脉冲，加压图形以试验风荷载Q的百分数表示。试验1 kPa的级差由低向高逐级进行，直至试样破坏。

5. 结果处理

有下列情况之一时可视为试件破坏：①保温板断裂；②保温板中或保温板与其保护层之间出现分层；③保护层本身脱开；④保温板被从固定件上拉出；⑤保温板从支撑结构上脱离。

系统抗风压值R_d应按下式进行计算。

$$R_d=\frac{Q_1C_sC_a}{K}$$

式中：

R_d——系统抗风压值，kPa；

C_a——几何因数，取1；

Q_1——试样破坏前一级的试验风荷载值，kPa；

K——安全系数，机械固定体系取不小于2，其他体系取不小于1.5；

C_s——统计修正因数，黏结面积在50% ~ 100%时取1；10% ~ 50%时取0.9；10%以下取0.8。

6. 注意事项

基墙上的预留孔是模拟空气渗透的，施工时不应封堵。

（三）吸水量检测

1. 检测依据

《模塑聚苯板薄抹灰外墙外保温系统材料》（GB/T 29906—2013）

2. 检测设备

电子天平：精度为0.1 g，检定周期为一年，同时在每个检定周期内至少做1次，其间核查。

3. 样品制备及养护

试样由保温板和抹面层组成，尺寸为200 mm×200 mm，数量3个。

试样在标准养护条件下养护7 d后，将试样四周（包括保温材料）做密封防水处理。

然后按下列规定进行处理。

将试样按步骤进行3次循环：在试验环境条件下的水槽中浸泡24 h，试样防护层朝下浸在水中，浸入深度为3～10 mm；在(50±5) ℃的条件下干燥24 h。

完成单次循环后，试样应在试验环境下再放置，时间不应少于24 h。

标准养护条件为空气温度(23±2)℃，相对湿度(50±5)%。试验环境为空气温度(23±5) ℃，相对湿度(50±10)%。

4. 试验步骤

将试样防护层朝下，平稳地浸入室温水中，浸入水中的深度为3～10 mm，浸泡3 min后取出用湿毛巾迅速擦去试样表面明水，用天平称量试样浸水前的质量m_0，然后再浸水24 h后测定浸水后试样质量m_1。

5. 结果处理

吸水量按以下公式计算，试验结果为3次循环试验数据的算术平均值，精确至1 g/m²。

$$M=\frac{m_1 m_0}{A}$$

式中：

M——吸水量，g/m²；

m_1——浸水后试样质量，g；

m_0——浸水前试样质量，g；

A——试样表面浸水部分的面积，m²。

6. 注意事项

成型时防护层厚度应均匀，并在记录中注明。

防水密封处理不可影响试样的浸水面积。

浸水深度应严格按标准规定进行。

密封剂推荐使用以下材料：①沥青，软化点82～93 ℃，浇注应用；②蜂蜡和松香（等重），可在135 ℃下涂刷，在较低温度下浇注；③微晶蜡（60%）混以精制的结晶石蜡（40%）。

二、保温材料

保温材料是外墙外保温系统的重要组成部分，对系统的保温性能起到决定性作用，保温材料（又称为绝热材料）是指对热流具有显著阻抗性的材料或材料复合体。按形态分类，一般可分为纤维状、微孔状、气泡状、层状和微纳米状等；按材质分类，一般可分为无机绝热材料、有机绝热材料和有机无机复合材料。常见的保温材料有绝热用模塑聚苯乙烯泡沫塑料、绝热用挤塑聚苯乙烯泡沫塑料、模塑石墨聚苯乙烯泡沫塑料、聚氨酯复合保温板、膨胀玻化微珠保温隔热砂浆、建筑外墙外保温用岩棉制品等。形成的保温产品标准有很多，如《绝热用模塑聚苯乙烯泡沫塑料（EPS）》（GB/T 10801.1—2021）等。不同的保温材料对性能指标的要求各不相同，综合来讲，保温材料的主要性能包括密度、力学性能、热工性能等。

（一）密度检测

材料的密度有表观密度、干密度、堆积密度和面密度等。一般对于有机保温材料，如EPS板、XPS板、PF板等，以表观密度来表征；对于无机保温材料，如保温砂浆、蒸压加气混凝土砌块、岩棉等，以干密度或体积密度来表征；对于某些复合板材，如保温装饰一体板、复合保温板等，则使用面密度；对于膨胀玻化微珠等，需要检测其堆积密度。在建筑节能检测中，密度的检测相对来说是比较简单的，下面分别介绍EPS板、膨胀玻化微珠保温隔热砂浆、岩棉板密度的测定方法。

1.模塑聚苯板密度检测

1）检测依据

《泡沫塑料及橡胶 表观密度的测定》（GB/T 6343—2009）。

《泡沫塑料与橡胶 线性尺寸的测定》（GB/T 6342—1996）。

《绝热用模塑聚苯乙烯泡沫塑料（EPS）》（GB/T 10801.1—2021）。

2）检测设备

电子天平：称量精度为0.1%，由于电子天平属于精密仪器，温湿度不当会对天平造成损坏，特别是高精度电子天平，一定要严格控制天平室的温湿度，一般温度和湿度分别控制在（23±2）℃，（50±10）%即可，为了避免测量时外界因素对称量结果的影响，一般高精度天平都配有防护罩，通常还需在防护罩内放置干燥剂,来防止湿度过高对天平的损坏。

量具:符合《泡沫塑料与橡胶 线性尺寸的测定》(GB/T 6342—1996)规定,最好选用带有外沟槽的数显游标卡尺,精度0.02 mm。操作简单且能测量试件中心点位置的厚度。

3)样品制备及养护

在整板上制取尺寸为(100±1)mm×(100±1)mm×(50±1)mm的试样3个,在空气温度(23±2)℃、相对湿度(50±5)%的环境下至少调节16 h。

4)试验步骤

尺寸测量。按《泡沫塑料与橡胶 线性尺寸的测定》(GB/T 6342—1996)的规定测量试样的尺寸,单位为mm。每个尺寸测量至少5个位置,为了得到一个可靠的平均值,测量点尽可能分散。然后,分别计算3个试件的体积。

质量测量:分别称取3个试样的质量,单位为g,精确到0.5%。

5)结果处理

表观密度按下式计算,并精确至0.1 kg/m³。

$$\rho=\frac{m}{V}\times 10^{6}$$

式中:

ρ——表观密度,kg/m³;

m——试样质量,g;

V——试样体积,mm³。

对于一些低密度闭孔材料(密度小于15 kg/m³),空气浮力会导致测量结果产生误差,在这种情况下表观密度按下式计算。

$$\rho_{a}=\frac{m+m_{a}}{V}\times 10^{6}$$

式中:

ρ_a——表观密度,kg/m³;

m_a——排出空气的质量,g。

m_a指在常压和一定温度时的空气密度乘以试样体积,当温度为23 ℃,大气压力为101.325 kPa时,空气密度为1.220×10^{-6} g/mm³;当温度为27 ℃,大气压力为101.325 kPa时,空气密度为$1.195\ 5\times10^{-6}$ g/mm³。

6)注意事项

制取试样应从来样的不同部位裁切,且不得位于边缘位置,裁切时不得改变其原始泡孔结构。测量厚度时,卡尺与试件宜为点接触。

2.膨胀玻化微珠保温砂浆干密度检测

目前市场上的保温砂浆主要为两种,即无机保温砂浆和有机保温砂浆,其中无机保温砂浆主要包括膨胀玻化微珠保温砂浆、珍珠岩保温砂浆等,以膨胀玻化微珠保温砂浆应用最为广泛。

干密度的检测原理十分简单,通过鼓风干燥箱先将成型试样烘制干燥,待其冷却后测量尺寸,测量试样尺寸计算出该试件体积,再通过称量试件质量,计算出该试件密度。密度往往受到轻骨料、胶凝剂、水等组成成分及配比的影响,所以在砂浆配制过程中,要严格按照厂家提供的配比来操作成型。

1)检测依据

《膨胀玻化微珠保温隔热砂浆》(GB/T 26000—2010)。

《无机硬质绝热制品试验方法》(GB/T 5486—2008)。

2)检测设备

电子天平:量程满足试件称量要求,分度值应小于称量值(试件质量)的0.02 %。

钢直尺:分度值为1 mm。

游标卡尺:分度值为0.05 mm。

3)样品制备及养护

按厂家提供的配比制备试件,砂浆搅拌量为搅拌机容量的40 %~80 %,搅拌过程中不应破坏膨胀玻化微珠。搅拌时先加入水,再加入粉料,搅拌2~3 min,停止搅拌并清理搅拌机内壁及搅拌叶片,上的砂浆,然后再搅拌1~2 min,放置10~15 min后使用。将配置好的砂浆填满试模(70.7 mm×70.7 mm×70.7 mm的钢质有底试模),并略高于试模上表面,用捣棒均匀由外向内按螺旋方向轻轻插捣25次,注意尽量避免破坏膨胀玻化微珠。放置5~10 min后,将高出试模部分的砂浆沿试模顶面削去抹平。带模试样应在温度(23±2)℃,相对湿度(50±10)%条件下养护,并使用塑料薄膜覆盖,3 d后脱模。试样取出后继续养护至28 d。共制取6块试样。

4)试验步骤

将试样在(105±5)℃温度下烘至恒重,放入干燥器中冷却备用。恒重的判定依据为恒温3 h两次称量试样的质量变化率小于0.2%。

称量烘干后的试件质量G,保留5位有效数字。

测量试件的几何尺寸,在制品相对两个面上距两边20 mm处,用钢直尺或钢卷尺分别测量制品的长度和宽度，精确至1 mm，测量结果为4个测量值的算术平均值。在制品两个侧面，距端面20 mm处和中间位置用游标卡尺测量制品厚度，精确到0.5 mm，测量结果为6个测量值的算术平均值。

5)结果处理

试件的干密度按下式计算，结果取6个试样的平均值，精确至1 kg/m^3。

$$\rho = \frac{G}{V}$$

式中：

ρ——试件的密度，kg/m^3；

G——试件烘干后的质量，kg；

V——试件的体积，m^3。

6)注意事项

放入砂浆前，试模内一定要均匀涂抹脱模剂。

脱模后的试样如表面有不平整现象，应适度打磨，直至其尺寸偏差小于2%。

从干燥器中取出的试样应立即称量，避免因长期存放而导致试样吸湿。

相邻3 h烘干后质量损失率不大于0.2%，未达到此标准不可进行干密度检测，应再次进行烘干操作。

不同种类保温砂浆耐热性能不同，不可采用相同温度烘干不同种类的砂浆，以免造成砂浆疲劳损坏，在抗压强度试验中，还将采用干密度检测过后的样品进行检测。

成型过程过后在试模上覆盖聚乙烯薄膜，不但有助于胶凝剂固化，也有助于成型面平整、光滑，为后续检测打下良好基础。如果养护过程受到不定因素干扰，会对试样形状方面造成不同程度的影响，导致检测时试样形状发生不规则的情况。在此情况下，直接采用卡尺测量尺寸，极易产生较大偏差。所以，对成型好的试样一定要做好保护工作，尤其是在拆模过程中，切忌用力过大，导致试件破坏。

（二）力学性能检测

1.模塑聚苯板压缩强度检测

模塑聚苯板压缩强度的检测主要依据《硬质泡沫塑料压缩性能的测定》(GB/T 8813—2020)，主要原理是检测模塑聚苯板在受到垂直板面的压载作用时，试样在厚度方向上发生形变，根据试验测得应力应变曲线得出试样指定形变时所承受的应力，再计算出压缩强度。

1)检测依据

《绝热用模塑聚苯乙烯泡沫塑料(EPS)》(GB/T 10801.1—2021)。

《硬质泡沫塑料压缩性能的测定》(GB/T 8813—2020)。

2)检测设备

微机控制电子万能试验机:测力的精度为±1%,位移精度为±5%或±0.1 mm,且能够记录力—位移的变化曲线。需配有两块表面抛光且不会变形的方形或圆形的平行板,板的边长(或直径)至少为100 mm,且大于试样的受压面,其中一块为固定的,另一块可按标准规定的条件以恒定的速率移动。两板应始终保持水平状态。

量具:建议使用数显卡尺,精度0.02 mm。

3)样品制备及养护

试样尺寸为(100±1) mm×(100±1) mm×(50±1) mm,数量为5个。

在样品的不同部位制取,不得取位于边缘的试样。样品放在(23±2)℃,相对湿度(50±5)%的环境下至少调节16 h。

4)试验步骤

测量试样的初始三维尺寸,得出试样的厚度及横截面初始面积。

将试样置于试验机两平板的中央,活动板以恒定的速率压缩试样,直到试样厚度变为初始厚度的85%,记录力—位移曲线。

5)结果处理

压缩结束后,将力—位移曲线上斜率最大的直线部分延伸至力零位线,其交点为"形变零点",记录产生10%相对形变的力。10%相对形变为力位移曲线上从"形变零点"至达到试样初始厚度10%的位移。如果力—位移曲线上无明显的直线部分或用这种方法获得的"形变零点"为负值,则不采用这种方法。此时,"形变零点"应取压缩应力为(250±10) Pa所对应的形变。

压缩强度以相对形变10%时的压缩应力表示。

$$\sigma_{10}=\frac{F_{10}}{S_0}\times10^3$$

式中:

σ_{10}——相对形变10%时的压缩应力,KPa;

F_{10}——使试样产生10%相对形变的力,N;

S_0——试样初始横截面积,mm^2。

试验结果取5个试样试验结果的平均值,保留3位有效数字;如各个试验结果之间的偏差大于10%，则给出各个试验结果。

6)注意事项

上、下压板尺寸要略大于试件尺寸，且确保试件位于压板正中央。

常见泡沫塑料制品压缩强度测试制备试件的尺寸、数量及标准养护条件下状态调节时间见表4-1。

表4-1 试件的尺寸、数量及状态调节时间

泡沫塑料板	试件(长×宽×高)	试件数量	状态调节时间
EPS板	100 mm×100 mm×50 mm	5个	至少16 h
GEPS板	100 mm×100 mm×50 mm	5个	至少16 h
XPS板	100 mm×100 mm×原厚	5个	至少88 h
PF板	100 mm×100 mm×50 mm	5个	至少88 h
PU复合芯材	100 mm×100 mm×50 mm	5个	至少88 h

2.模塑聚苯板抗拉强度检测

1)检测依据

《模塑聚苯板薄抹灰外墙外保温系统材料》(GB/T 29906—2013)。

2)检测设备

电子万能试验机，测力的精度为±1%。

3)样品制备及养护

试样在模塑板上切割制成，试样尺寸为100 mm×100 mm，其基面应与受力方向垂直，切割时应离模塑板边缘15 mm以上，数量5个。在试验环境下放置24 h以上。

4)试验步骤

以合适的胶黏剂将试样两面粘贴在刚性平板或金属板上，胶黏剂应与产品相容。将试样装入拉力机上，以(5±1) mm/min的恒定速度加荷，直至试样破坏。破坏面在刚性平板或金属板胶结面时，测试数据无效。

5)结果处理

抗拉强度按下式计算，试验结果为5个试验数据的算术平均值，精确至0.01 MPa。

$$\sigma = \frac{F}{A}$$

式中：

σ——垂直于板面方向的抗拉强度，MPa；

F——试样破坏拉力，N；

A——试样的横截面积，mm^2。

6)注意事项

应确保被测试样表面与卡具完全黏结。

应有措施保证拉力方向始终垂直于被测试样表面。

(三)热工性能检测

1.检测依据

《绝热材料稳态热阻及有关特性的测定 防护热板法》(GB/T 10294—2008)。

《绝热用模塑聚苯乙烯泡沫塑料(EPS)》(GB/T 10801.1-2021)。

2.检测设备

平板导热仪。测量温度和温差系统的灵敏度和准确度应不低于温差的0.2%；测量加热器功率的误差，应在0.1%之内。

3.样品制备及养护

在样品的不同部位制取不少于2块试样，试样厚度为(25±1) mm，两块试样尺寸应尽可能地一样，厚度差别应小于2%，试样大小应足以完全覆盖加热单元的表面。在温度(23±2) ℃，相对湿度(50±5)%的环境下至少调节16 h。

4.试验步骤

1)厚度测量

将试件放入平板导热仪冷热板中间，夹紧试件并施加一个恒定的力值(一般不大于2.5 kPa)，用适宜的量具量取试件四个边角的厚度，计算平均值作为试样的厚度。

2)导热系数测定

按照标准要求设定冷热板温度，开始检测。当试验达到稳定后，结果不是单方向变化，连续四组读数给出的热阻值的差别不超过1%(每半小时采集一次数据)，试验结束。

5.结果处理

导热系数按下式进行计算，取其平均值。

$$\lambda=\frac{\Phi d}{A(T_1-T_2)}$$

式中：

λ——导热系数平均值；

Φ——加热单元计量部分的平均加热功率，W；

T_1——试件热面温度平均值，K；

T_2——试件冷面温度平均值，K；

A——计量面积（双试件装置需乘以2），m^2

d——试件平均厚度，m。

6.注意事项

应确保各试件的夹紧力一致。

试验时试件冷侧不得出现冷凝水。

第二节 节能建筑现场检测

节能工程现场检测是对节能工程中所用的材料和施工质量控制的重要手段，也是节能验收和竣工验收的一项必备条件，它能够将各项节能措施的效果以数据的形式反映出来，使人们能够更直观地了解建筑节能的各项指标，进一步验证建筑节能工程的质量与节能效果，为建筑节能技术的改进和不同节能建筑之间的比较提供支持，为政府决策提供依据。

一、保温板与基层黏结强度检测

保温板作为隔热保温材料，目前主要分为有机材料和无机材料两大类，有机材料中以聚苯乙烯为原料的EPS和XPS板最常见，这类材料具有较好的隔热及物理性能；而无机材料主要指以无机纤维制成的具有出色防火性能的岩棉板材。在施工过程中，保温板被粘贴在建筑物基层墙体表面上，故保温板与基层的黏结强度是判定外保温系统安全与否的重要指标，也是现场检测的重要检测项目。

（一）检测依据

《天津市民用建筑围护结构节能检测技术规程》（DB/T 29—88—2014）。

（二）检测设备

黏结强度检测仪：应符合《数显式黏结强度检测仪》（JG/T 507—2016）的规定。

黏结标准块：按长、宽、厚尺寸为100 mm×100 mm×（7～8）mm，用45号钢或铬钢材料制作的标准试件。

辅助工具及材料：手持切割锯、黏结强度大于3.0 MPa的胶黏剂、胶带及标记笔。

（三）检测条件及环境

本试验应在保温板材粘贴完工28 d后进行。

检测环境温度不得低于5℃，不得在雨雪天气或保护层潮湿的情况下检测。

（四）抽样原则

以每5 000 m^2同类保温体系为一个检验批，不足5 000 m^2按5 000 m^2计，每批应取一组9个试样，每相邻3个楼层应至少取一组试样，试样应随机抽取，取样间距不得小于1 m，并应兼顾不同楼层及朝向。

（五）试验步骤

用标记笔在取样处的保温板表面按标准块长宽尺寸进行标记。

用切割锯沿标记痕迹进行切割，断缝由保温板表面切割至基层表面，清理保温板表面保持清洁干燥。

在取样处切割完保温板后，用手轻按取样处，若保温板发生晃动则证明该处试样与基层无可靠连接，应废弃该点另行取样，直至切割后轻按保温板不发生晃动方可继续进行检测。

将按比例搅拌的胶黏剂均匀涂抹在标准块表面后与已切割好的保温板进行黏结（在温度较低的情况下宜先用吹风机对标准块和胶黏剂预先加热再进行作业），黏结后及时用胶带或卡具进行固定以防止标准块移位或滑落。

在黏结剂彻底硬化后将黏结强度检测仪垂直于墙面放置，转动手柄调整拉力杆末端接头与标准块背面接口对接，保证标准块处于不受力状态。

将黏结强度检测仪数显屏清零并置于峰值状态后匀速缓慢转动手柄，直至试样完全断开，记录每个检测部位的黏结力值和破坏部位，当破坏部位位于保温板与胶黏剂层界面时，若黏结面积$<50\%$，则该点废弃并另选点重新检测。

（六）结果处理

黏结强度按下列公式计算，结果精确到0.01 MPa。

$$P_i = \frac{F_i}{S}$$

式中：

P_i——每个点黏结强度，MPa；

F_i——每个点黏结力值,N;

S——黏结面积,mm^2。

(七)注意事项

检测人员必须佩戴安全帽,防止高空坠物对检测人员造成伤害。

在切割强度较低的保温材料(如岩棉板)时,应小心作业,防止切割力度过大对板材强度造成影响。

如遇到保温板材质地柔软且表面不平整时,宜先在板材表面涂刷一层界面剂,待其固化后再粘贴标准块,以保证试样与标准块粘贴面积达到要求。

在黏结过程中若有胶黏剂溢出应及时拭去,不得使其流入断缝中。

如果保温材料强度较低,则黏结标准块的重量不得对被测试样检测结果产生影响。

二、基层与胶黏剂拉伸黏结强度检测

胶黏剂是外保温系统中的主要黏结材料,其作用是将保温板材与基层进行连接,其黏结性能关乎整个外保温系统的安全及可靠性。在施工过程中有诸多因素如无法精确控制水灰比、基层的平整与光滑度等都会影响胶黏剂的黏结性能,因此也增加了现场对基层与胶黏剂黏结强度进行检测的必要性。

(一)检测依据

《外墙外保温工程技术标准》(JGJ 144—2019)

(二)检测设备

黏结强度检测仪:应符合《数显式黏结强度检测仪》(JG/T 507—2016)的规定。

黏结标准块:按长、宽、厚尺寸为40 mm×40 mm×(7~8)mm,用45号钢或铬钢材料制作的标准试件。

辅助工具及材料:手持切割锯、黏结强度大于3.0 MPa的胶黏剂、胶带及标记笔。

(三)检测条件及环境

本试验应在保温板材粘贴完工28 d后进行。

检测环境温度不得低于5 ℃,不得在雨雪天气或保护层潮湿的情况下检测。

(四)抽样原则

取样部位选取有代表性的5处。

(五)试验步骤

去除表面保温板后切割胶黏剂层,断缝切割至基层表面并保持深度一致。

（六）结果处理

计算公式见下式，精确到0.01 MPa。进行判定时，每个点黏结强度要求≥0.3 MPa。

$$P_i = \frac{F_i}{S}$$

式中：

P_i——每个点黏结强度，MPa；

F_i——每个点黏结力值，N；

S——黏结面积，mm²。

（七）注意事项

检测人员必须佩戴安全帽，防止高空坠物对检测人员造成伤害。

选取的试样应完全干燥且表面平整。

由于试样体积较小，切割应小心进行，防止发生松动。

三、锚栓抗拉承载力检测

锚栓在外保温系统中起到辅助固定作用，主要通过膨胀产生的摩擦或机械固定作用来连接保温板材与基层，锚栓有助于加强系统的连接可靠性，但由于大部分锚栓膨胀件为金属材料，造成锚栓在外保温系统中成为热桥，对保温节能造成不利影响，因此保温系统中不宜存在过多的锚栓，也就要求每个锚栓有足够的抗拉承载性能来加强系统的可靠性。现场施工过程中对锚栓承载力的影响因素也多种多样，例如不规范的锚栓安装方法、基层墙体材质影响等。

（一）检测依据

《外墙保温用锚栓》（JG/T 366—2012）。

（二）检测设备

锚栓拉拔仪，可连续平稳加载。

（三）检测条件及环境

本试验应在单体建筑锚栓安装完毕后进行。

检测环境温度不得低于5 ℃，不得在雨雪天气检测。

（四）抽样原则

取点位置应兼顾不同朝向、不同楼层，取点间距不得小于500 mm，取点数量不少于15个。

（五）试验步骤

确定检测点位。

用卡具将锚栓连接在拉拔仪上，保证荷载垂直于墙面，并保证反作用力距锚栓不少于150 mm处传递给基层墙体。连续平稳加载约1 min后，达到破坏荷载N_1并记录。

（六）结果处理

锚栓现场抗拉承载力标准值N_{Rkl}按下式计算。

$$N_{Rkl}=0.6N_1$$

式中：

N_{Rkl}——超过1.5 kN的按1.5 kN取；

N_1——破坏荷载中5个最小值的平均值。

（七）注意事项

检测人员必须佩戴安全帽，防止高空坠物对检测人员造成伤害。

检查锚栓安装是否正确。

检测人员应确定待检试样所处墙体类型。

参考文献

[1]陈亮，袁立群，龙敏．建筑工程质量事故分析与处理[M]．哈尔滨：哈尔滨工业大学出版社，2018.

[2]丁百湛．建筑工程检测技术必备知识[M]．北京：中国建材工业出版社，2020.

[3]郭念，王艳华，王玉雅，等．建筑工程质量与安全管理[M]．武汉：武汉大学出版社，2018.

[4]郝永池．建筑工程质量与安全管理[M]．北京：北京理工大学出版社，2017.

[5]黄耀．建筑工程质量检测现状及其应对[J]．产品可靠性报告，2023（7）：136-137.

[6]江西省计量协会．建筑工程检测实验室实用技术[M]．北京：中国计量出版社，2007.

[7]金煜．建筑工程质量检测（建筑工程施工专业）[M]．北京：中国建筑工业出版社，2015.

[8]李栋，李伙穆．建筑工程质量事故分析与处理[M]．厦门：厦门大学出版社，2015.

[9]李伙穆，李栋，蔡昱，等．建筑工程质量事故分析与处理（第2版）[M]．厦门：厦门大学出版社，2022.

[10]李清奇．建筑工程质量事故分析处理[M]．北京：科学技术文献出版社，2017.

[11]李胜英，郭春梅，马彪，等．建筑节能检测技术[M]．北京：中国电力出版社，2017.

[12]李云峰．建筑工程质量与安全管理（第2版）[M]．北京：化学工业出版社，2020.

[13]刘汉清，赵恩亮，陈翔．建筑工程质量与安全管理（第4版）[M]．北京：北京理工大学出版社，2021.

[14]刘洪滨，幸坤涛，李建强，等．建筑结构检测、鉴定与加固[M]．北京：冶金工业出版社，2018.

[15]刘青，贺晓文．建筑工程质量事故分析与处理[M]．北京：人民邮电出版社，2015.

[16]刘水，李艳梅，冯克清．常见建筑结构加固与技术创新[M]．昆明：云南科技出版社，2020.

[17]马晓超．建筑工程质量检测技术与验收[M]．北京：中国原子能出版社，2020.

[18]秦晋蜀，重庆市城乡建设委员会，中煤料工集团重庆设计研究院．建筑节能检测[M]．重庆：重庆大学出版社，2012.

[19]王海军，刘勇．土木工程事故分析与处理[M]．北京：机械工业出版社，2015.

[20]王胜．建筑工程质量与安全管理[M]．武汉：华中科技大学出版社，2019.

[21]王云江，张德伟，泮兴全，等．建筑结构加固实用技术[M]．北京：中国建材工业出版社，2016.

[22]王枝胜，卢滔，崔彩萍．建筑工程事故分析与处理（第2版）[M]．北京：北京理工大学出版社，2013.

[23]王枝胜，王鳌杰，崔彩萍，等．建筑工程事故分析与处理[M]．北京：北京理工大学出版社，2018.

[24]巫士英，朱红梅，王仪萍．建筑工程质量管理与检测[M]．北京：北京理工大学出版社，2016.

[25]吴松勤，高新京．工程质量安全管理与控制细则[M]．北京：中国建筑工业出版社，2019.

[26]熊孝波，范建洲．建筑工程事故分析与处理[M]．北京：中国建材工业出版社，2013.

[27]徐国伟，贯万全，余明坤．公路工程施工与建筑工程施工质量检测研究[M]．北京：文化发展出版社，2019.

[28]徐勇戈．建筑工程质量与安全生产管理[M]．北京：机械工业出版社，2019.

[29]杨建华．建筑工程安全管理[M]．北京：机械工业出版社，2019.

[30]殷勇，钟焘，曾虹，等.建筑工程质量与安全管理[M].西安：西安交通大学出版社，2021.

[31]袁广林，鲁彩凤，李庆涛，等.建筑结构检测鉴定与加固技术（第2版）[M].武汉：武汉大学出版社，2022.

[32]袁广林，鲁彩凤，李庆涛，等.建筑结构检测鉴定与加固技术[M].武汉：武汉大学出版社，2016.

[33]曾虹，殷勇.建筑工程安全管理[M].重庆：重庆大学出版社，2017.

[34]张富.建筑结构加固改造新技术[M].北京：北京工业大学出版社，2018.

[35]张争强，肖红飞，田云丽.建筑工程安全管理[M].天津：天津科学技术出版社，2018.

[36]赵军，赵彬.建筑工程质量事故分析与处理[M].广州：华南理工大学出版社，2015.

[37]赵军.21世纪高职高专立体化精品教材 建筑工程质量事故分析与处理[M].广州：华南理工大学出版社，2015.

[38]赵特庆，曹绍江，马德军.建筑工程质量事故分析与处理[M].上海：上海交通大学出版社，2017.

[39]郑伟，许博.建筑工程质量与安全管理（第2版）[M].北京：北京大学出版社，2016.

[40]钟汉华，李玉洁，蔡明俐.建筑工程质量与安全管理（第2版）[M].南京：南京大学出版社，2016.

[41]周仁战.建筑结构检测鉴定与加固改造技术[M].延吉：延边大学出版社，2019.

[42]住房和城乡建设部工程质量安全监管司，住建部科技委工程质量安全专业委员会.房屋市政工程施工安全较大及以上事故分析（2018年）[M].北京：中国建筑工业出版社，2019.